极化粒子核物理

张高龙　赵宏鸣　秦秀波　蔡伟伟　**译**

中国原子能出版社

First published in English under the title
Nuclear Physics with Polarized Particles by Hans Paetz gen. Schieck

图书在版编目（CIP）数据

极化粒子核物理／张高龙，赵宏鸣，秦秀波，蔡伟伟译. — 北京 ：中国原子能出版社，2021.11

书名原文：Nuclear Physics with Polarized Particles

ISBN 978-7-5221-1760-7

Ⅰ. ①极… Ⅱ. ①张… ②赵… ③秦… ④蔡… Ⅲ. ①粒子物理学-核物理学 Ⅳ. ①O572.2

中国版本图书馆 CIP 数据核字(2021)第275728号

极化粒子核物理

出版发行	中国原子能出版社（北京市海淀区阜成路 43 号　100048）		
责任编辑	徐　明		
责任校对	冯莲凤		
责任印制	赵　明		
封面设计	侯怡璇		
印　　刷	北京九州迅驰传媒文化有限公司		
开　　本	787 mm×1092 mm　1/16		
印　　张	10.75	**字　　数**	200 千字
版　　次	2024 年 6 月第 1 版　2024 年 6 月第 1 次印刷		
书　　号	ISBN 978-7-5221-1760-7	**定　　价**	**88.00** 元

发行电话：010-68452845

物理课堂笔记

《物理讲义》系列课程（Lecture Notes in Physics，LNP）设立于 1969 年，快速和非正式地报告了物理研究和教学的新发展，其具有高质量和明确的目标，且以一种易于理解的方式总结和交流当前的知识。本系列出版的书籍是衔接高年级研究生教材和前沿研究的材料，并服务于三个目的：

（1）针对一个确定的主题提供凝练的前沿参考。

（2）为相关领域的研究生和非专业研究人员提供入门课程。

（3）为专门研讨会、课程和学校提供高等教材。

未来将考虑出版专题著作和多作者著作。然而，本书只包括数量非常有限的内容，且不考虑课程的实际进程。《物理讲义》相关的出版物将提供印刷版和电子版两种形式，其中电子版可在 springerlink. com 上查阅。许多文摘和信息服务机构、书目网络、订阅机构、图书馆网络和协会也提供索引、摘要和引用信息。

有任何建议可以发送给编委会成员，或直接发送给施普林格的责任编辑：

克里斯蒂 · 卡伦

斯普林格 · 海德堡

物理编辑部 I

蒂尔加滕 17

69121 海德堡/德国

christian. caron@ springer. com

前 言

30 多年来，科隆大学核物理研究所（Institut für Kernphysik of the University of Cologne）持续开展核自旋极化的项目研究。这类项目的成功实施不仅需要大量专门开发的实验设备，而且还需要经过专门指导和训练有素的合作研究人员。这些合作研究人员通常来自于本科生和研究生，他们在取得本科或硕士学位并最终取得博士学位之前，就已经以“迷你研究者”的身份在实验小组工作。除了标准的物理教育，合作研究人员还需要掌握核物理，并在专门的讲座和讨论会中涉猎自旋物理等领域。为了给合作研究人员提供必要的基础知识，在缺乏专著的情况下，本书作者配合讲座的主题编写了相应的讲义，包括关于自旋极化和极化离子源等形式化描述。把这些知识以印刷的课堂笔记的形式收集和保存看起来是有价值的。

本书由几个部分组成。其中，很大一部分是理论介绍，描述极化和极化粒子核反应。另一部分描述了在核反应中进行极化粒子实验并测量极化和极化效应所必需的方法和设备的物理基础，并最终通过其在医学和聚变能研究中的应用综述来结束。然而，极化对核物理领域，特别是核反应的影响和许多贡献，即其在这方面的结果和成就只能在更加系统的研究中进行探讨。

在本书中的实验部分不可能完全引用所有相关的参考文献。因此，这里只能引用该领域取得重要进展的原始文献或最近发表的精选参考文献，优选包含了更多完整信息的参考文献。选择这些参考文献主要是因为它们具有一定的代表性（不一定是优先级），或者在讨论极化物理装置时，作者将利用这些文献中的一些熟悉的实例来介绍其原理和最新的进展。因此，虽然目前的研究重点正在转向中高能核物理，而且低能量装置的数量正在减少，但本书中的实例主要是来自低能装置，如范德格拉夫串列加速器实验室（tandem-Van-de-Graaff laboratories）。因此，本书中描述的极化完全是非相对论的，并且集中在从天体物理能量（约 10 keV）到数十 MeV 的能量范围。而且，它也仅限于强子粒子的极化，即不考虑电子或 γ 辐射的极化效应。

目 录

第一章
引　　言

自旋是（基本）粒子的一种完全非经典的特性[1]。朝永振一郎（Tomonaga）撰写的《自旋的故事》一书涉及了有关自旋的许多方面［尽管看来，本书甚至从未提及具有开创性意义的斯特恩-格拉赫（Stern-Gerlach）实验（详情见 8.1 节)］，该书指出“它是一种神秘的野兽，然而它的实际效果凌驾于整个科学之上。自旋的存在，以及与之相关的统计数据，是自然界最微妙、最巧妙的设计——没有它，整个宇宙就会崩溃”［引自译者（T. Oka）[2]的序言第 7 页］。在核物理中，自旋以多种方式体现在核、核子甚至夸克中。例如：超精细相互作用、自旋轨道相互作用、张量力、自旋—自旋核子—核子相互作用、自旋与统计之间的关系不仅是元素周期表的基础，也显著地影响着相同粒子的散射（例如 ^{12}C与^{12}C 的散射，^{13}C 与^{13}C 的散射）等。

在研究单自旋亚稳态效应时，原子核和粒子反应中的自旋极化观测量总是被证明是有用的或有利的。非极化微分截面包括入射道中粒子自旋态的平均和出射道中粒子自旋态的总和。在这个平均过程中，相互作用的细节常常会丢失。原因如下：

(1) 不同于通常包含不同振幅之间干涉项的截面极化观测量，这些干涉项会导致对小的混合态的更高灵敏度。

(2) 因为核力以各种方式依赖于自旋，极化观测量允许不同贡献的分离（例如：自旋轨道或张量力）。

(3) 在所谓的“完全”实验（例如：核子—核子相互作用）中，需要用不同跃迁振幅的双线性组合来描述最小数目的独立观测值。

(4) 此外，还有一些物理问题只能通过极化实验来解决。例如：核子—核子相互作用中的宇称不守恒、组成夸克的自旋对核子自旋的贡献等。

极化测量和分析本领成分，或者更一般的“广义分析本领”，以及极化束和靶的制备，都需要特殊的知识和技能。所有的测量都可以简化为强度测量。然而，极化观测量是通过测量所制备粒子的强度差异得到它们以不同的方式自旋（最简单的例子：在具有自旋相关的微分截面的核反应中产生的左右不对称，例如由于（$\boldsymbol{l}\cdot\boldsymbol{s}$）力）。可观测量通常被扩展到张量的变换性质，以一种决定性的方式进行描述。由于通常处理粒子的统计系综（例如部分极化束和靶的形成，而不是纯态的形式），恰当的描述是通过引入密度算子（密度矩阵）扩展成适合于这种特殊情况的表示法。

表 1-1　自旋极化/自旋物理系列会议和研讨会的年份表

年份	序号	极化专题讨论会	参考文献	序号	命名	高能自旋物理会议	参考文献	序号	极化束/靶研讨会议	参考文献
1960	1	巴塞尔	[13]							
1965	2	卡尔斯鲁厄	[14]							
1970	3	麦迪逊	[3]							
1974				1		阿贡	[15]			
1975	4	苏黎世	[16]							
1976				2		阿贡	[17]			
1978				3		阿贡	[18]			
1980	5	圣塔菲	[19]	4		洛桑	[20]			
1981								1	安阿伯	[21]
1982				5		布鲁克海文	[22]			
1983								2	温哥华	[23]
1984				6		马赛	[24]			
1985	6	大阪	[25]							
1986				7	SPIN86	普罗特维诺	[26]	3	蒙大拿	[27]
1988				8	SPIN88	明尼阿波里斯	[28]			
1990	7	巴黎	[29]	9	SPIN90	波恩	[30]	4	筑波	[31]
1992				10	SPIN92	名古屋	[32]			
1993								5	麦迪逊	[33]
1994	8	布卢明顿	[34]	11		布卢明顿	[35]			

不同系列的序号不总是一致的。

表 1-2 HE 自旋物理系列会议和极化束、源、靶研讨会的历史发展一览表

年份	序号	命名	HE 自旋会议	参考文献	序号	命名	会议	参考文献
1995	[a]	SPIN95	普罗特维诺	[36]	6		科隆	[37]
1996	12	SPIN96	阿姆斯特丹	[38]				
1997					7	PST97	厄巴纳	[39]
1998	13	SPIN98	普罗特维诺	[40]				
1999					8	PST99	埃尔兰根	[41]
2000	14	SPIN2000	大阪	[42]				
2001	[b]	SPIN2001	北京		9	PST01	纳什维尔	[43]
2002	15	SPIN2002	布鲁克海文	[44]				
2003					10	PST03	新西伯利亚	[45]
2004	16	SPIN2004	的里亚斯特	[46]				
2005					11	PST05	东京	[47]
2006	17	SPIN06	东京	[48]				
2007					12	PST07	布鲁克海文	[49]
2008	18	SPIN08	夏洛茨维尔	[50]				
2009					13	PST09	费拉拉	[51]
2010	19	SPIN2010	于利希	[52]				
2011					14	PST11	圣彼得堡	
2012	20	SPIN2012	杜布纳					

[a]未编号 [b]与高能自旋物理相关的第三届环太平洋研讨会

其中两个表示法被证明是最有用的：

(1) 笛卡儿表示法，在这个表示法中，观测量被变换为笛卡儿张量（例如在转动下），更适应我们对世界的正常空间看法。

(2) 球面表示法，其中的变换与球面谐波相同，这导致了描述的简化，特别是具有更高自旋的系统。

本书来自“极化粒子的核物理”课程。它的目的是使读者了解形成过程，这不可避免地与自旋极化及其背景联系在一起。基本原理和形式描述的一般论述已经发表，以下是推荐的额外阅读：参考文献［3］，特别推荐参考文献［4］，

[5]，[6]，[7，8]，只使用目前普遍接受的约定。只有在必须扩充关于核反应的入门课程的知识时，才会讨论核反应问题。通常丰富的非常详细和技术化的资料，迫使人们缩小必要主题的选择范围。然而，本书的参考文献提供更前沿学科的介绍。极化物理（现在通常称为“自旋物理”）的发展可以在表 1-1 和 1-2 中列出的三个极化会议系列的会议记录中详细了解。极化专题讨论会和高能量自旋物理会议系列在 1984 年布卢明顿会议后合并。另一种系列涉及的研讨会主要处理极化物理的工具。在这里极化物理的巨大技术发展（极化离子束源、极化气体靶、极化仪等）除了主要刊登在《物理研究中的核仪器与方法》（*Nuclear Instruments and Methods in Physics Research*）和《科学仪器评论（*Review of Scientific Instruments*）》上的原始文章外，该系列研讨会的论文集中也有记载。此外，还有关于极化^{3}He（“HELION”）的物理和应用（例如文献［9-11］，如（固体）极化靶、靶材和技术（萨克莱大学 1966，阿宾顿 1981，Bad Honnef 1984 和海德堡 1991）的研讨会或专题讨论会。极化反质子（最早在博德加湾[12]）、电子极化等，以及更局部重要的会议，这里将不列出来。

参考文献

［1］Landau, L.D., Lifshitz, E. M.: Quantum Mechanics (Non-relativistic Theory), 3rd edn. Pergamon, New York (1977)

［2］Tomonaga, S. I.: The Story of Spin. The University of Chicago Press, Chicago (1997)

［3］Barschall, H. H., Haeberli, W. (eds.): Proceedings of the 3rd International Symposium on Polarization Phenomena in Nuclear Reactions, Madison 1970. University of Wisconsin Press, Madison (1971)

［4］Darden, S. E.: In: ［3］p.39 (1971)

［5］Fick, D. (ed.): Proceedings Meeting on Polarization Nuclear Physics, Ebermannstadt 1973. Lecture Notes in Physics 30. Springer, Berlin (1974)

［6］Simonius, M.: In: ［5］p.37 (1974)

［7］Ohlsen, G. G., McKibben, J. L., Lawrence, G. P., Keaton, P. W. Jr., Armstrong, D. D.: Phys. Rev. Lett. 27, 599 (1971)

［8］Conzett, H. E.: Rep. Progr. Phys. 57, 1 (1994)

［9］Tanaka, M. (ed.): Proceedings of the 7th International RCNP Workshop on Polarized 3He Beams and Gas Targets and Their Applications "HELION97", Kobe 1997. North Holland, Amsterdam(1997)

[10] Heil, W.: Proceedings of the International Conference on Polarized 3He("HELION02"), Oppenheim 2002, on CD-ROM(2003)

[11] JCNS Workshop on Trends in Production and Applications of Polarized 3He, Ismaning 2010, IOP J. of Physics: Conference Series(2011)

[12] Krisch, A. D., Chamberlain, O., Lin, A. T. M. (eds.): Proceedings of the Workshop on Polarized Antiprotons, Bodega Bay 1987. AIP Conf. Proc.145, New York(1986)

[13] Huber, P., Meyer, K. P. (eds.): Proceedings of the International Symposium on Polarization Phenomena of Nucleons, Basel 1960. Helv. Phys. Acta Suppl. VI, Birkhäuser, Basel(1961)

[14] Huber P., Schopper H. (eds.): Proceedings of the 2nd International Symposium on Polarization Phenomena of Nucleons, Karlsruhe 1965. Experientia Suppl. 12, Birkhäuser, Basel(1966)

[15] Thomas, G. H. et al. (eds.): Proceedings of the Symposium on High Energy Physics with Polarized Beams, Argonne 1974. Atomic Energy Commission(1974)

[16] Grüebler, W., König, V. (eds.): Proceedings of the 4th International Symposium on Polarization Phenomena in Nuclear Reactions, Zürich 1975. Birkhäuser, Basel(1976)

[17] Marshak, M. L. (ed.): Proceedings of the Conference on High-Energy Physics with Polarized Beams and Targets, Argonne 1976. AIP Conf. Proc. 35, New York (1976)

[18] Thomas, G. H. (ed.): Proceedings of the Conference on High-Energy Physics with Polarized Beams and Targets, Argonne 1978, AIP Conf. Proc. 51, New York(1979)

[19] Ohlsen, G. G., Brown, R. E., Jarmie, N., McNaughton, W. W., Hale, G. M. (eds.): Proceedings of the 5th International Symposium on Polarization Phenomena in Nuclear Physics, Santa Fe 1980. AIP Conf. Proc. 69, New York(1981)

[20] Joseph, C., Soffer, J. (eds.): Proceedings of the Conference on High-Energy Physics with Polarized Beams and Targets, Lausanne 1980. Experientia Suppl. 38. Birkhäuser, Basel(1981)

[21] Krisch, A. D. , Lin, A. T. M. (eds.): Proceedings of the Workshop on High Intensity Polarized Proton Ion Sources, Ann Arbor 1981. AIP Conf. Proc. 80, New York(1982)

[22] Bunce, G. M. (ed.): Proceedings of the 5th High-Energy Spin Physics Symposium, Upton 1982. AIP Conf. Proc. 95, New York(1983)

[23] Roy, G. , Schmor, P. (eds.): Proceedings of the International Conference Polarized Proton IonSources, Vancouver 1983, AIP Conf. Proc. 117, New York (1984)

[24] Soffer, J. (ed.): Proceedings of the Conference on High Energy Spin Physics, Marseille 1984. Les Editions de Physique, 46(1985)

[25] Kondo, M. , Kobayashi, S. , Tanifuji, M. , Yamazaki, T. , Kubo, K. -I. , Onishi, N. (eds.): Proceedings of the 6th International Symposium on Polarization Phenomena in Nucl. Physics, Osaka 1985. Suppl. J. Phys. Soc. Jpn. 55(1986)

[26] Soloviev, L. D. (ed.): Proceedings of the (1986) Spin Symposium, Protvino/Serpukhov. IHEP(1986)

[27] Jaccart, S. , Mango, S. (eds.): Proceedings of the International Workshop on Polarized Sources and Targets, Montana 1986. Helv. Phys. Acta 59(1986)

[28] Proceedings of the 8th International Symposium on High-Energy Spin Physics, Minneapolis 1988. AIP Conf. Proc. 187, New York(1989)

[29] Boudard, A, Terrien, V. (eds.): Proceedings of the 7th International Conference on Polarization Phenomena in Nuclear Physics, Paris 1990. Colloque de Phys. 51, colloque C6, Les Editions de Physique, Paris(1990)

[30] Althoff, K. -H. , Meyer, W. (eds.): Proceedings of the 9th International Symposium on High [Energy Spin Physics SPIN90, Bonn 1990. Springer, Berlin (1991)

[31] Mori Y. , (ed.): Proceedings of the Intern. Workshop on Polarized Ion Sources and Polarized Gas Jets, Tsukuba 1990. KEK, Tsukuba(1990)

[32] Hasegawa, T. , Horikawa, N. , Masaike, A. , Sawada S. (eds.): Proceedings of the 10th International SymposiumOn High-Energy Spin Physics (SPIN 92—35th Yamada Conference) 1992, Nagoya, "FRONTIERS OF HIGH ENERGY SPIN PHYSICS" Tokyo(1992)

[33] Anderson, L. W. , Haeberli W. (eds.): Proceedings of the Workshop on Polar-

ized Ion Sources and Polarized Gas Targets, Madison 1993. AIP Conf. Proc. 293, New York(1994)

[34] Stephenson, E. , Vigdor, S. E. (eds.): Proceedings of the 8th International Symposium on Polarization Phenomena in Nuclear Physics, Bloomington 1994. AIP Conf. Proc. 339, New York(1995)

[35] Heller, K. E. , Smith, S. L. (eds.): Proceedings of the 11th International Symposium on High Energy Spin Physics, Bloomington 1994. AIP Conf. Proc.343, New York(1995)

[36] Nurushev, S. B. (ed.): Proceedings of the International Workshop on High-Energy Spin Physics (SPIN-95). Protvino(1996)

[37] Sydow, L. , Paetz gen. Schieck, H. (eds.): Proceedings of the International Workshop on Polarized Beams and Gas Targets, Köln 1995. World Scientifific, Singapore(1996)

[38] de Jager, C. W. , Ketel, T. J. , Mulders, P. J. , Oberski J. E. J. , Oskam-Tamboezer, M. (eds.): Proceedings of the 12th International Symposium on High Energy Spin Physics (SPIN 96), Amsterdam 1996. World Scientifific, Singapore (1997)

[39] Holt, R. , Miller,M. (eds.): Proceedings of the 7th International Workshop on Polarized Gas Targets and Polarized Beams, Urbana 1997. AIP Conf. Proc.421, New York(1998)

[40] Nurushev, S. B. (ed.): Proceedings of the 13th International Symposium on High-Energy Spin Physics, Protvino 1998. World Scientifific, Singapore(1999)

[41] Gute, A. , Lorenz, S. , Steffens, E. (eds.): Proceedings of the International Workshop on Polarized Sources and Targets (PST99), Erlangen 1999. Friedrich-Alexander U. Erlangen-Nürnberg(1999)

[42] Hatanaka, K. , Nakano, T. , Imai, K. , Ejiri, H. (eds.): Proceedings of the 14th International Spin Physics Symposium, Osaka 2000. AIP Conf. Proc.570, New York(2001)

[43] Derenchuk V. P. , and Przewoski, B. v. (eds.): Proceedings of the 9th International Workshop on Polarized Sources and Targets, Nashville 2001. World Scientifific Publishing ISBN 981-02- 4917-9(2002)

[44] Makdisi, Y. I. , Luccio, A. U. , McKay, W. W. (eds.): Proceedings of the

15th International Spin Physics Symposium, Upton, N. Y. , and Workshop on Polarized Electron Sources and Polarimeters, Danvers, Mass. 2002. AIP Conf. Proc. 675, New York(2003)

[45] Terskhov, A. S. , Rachek, I. A. , Toporkov D. K. (eds.): Proceedings of the 10th International Workshop on Polarized Beams and Targets, Novosibirsk 2003. Nucl. Instrum. Methods Phys. Res. A 536(2005)

[46] Bradamante, F. , Bressan, A. , Martin, A. , Aulenbacher, K. (eds.): Proceedings of the 16th International Spin Physics. Symposium and Workshop on Pol. Electron Sources and Polarimeters, Trieste 2004. World Scientifific, Singapore (2005)

[47] Uesaka T. , Sakai, H. , Yoshimi, A. , Asahi, K. (eds.): Proceedings of the 11th International Workshop on Polarized Sources and Targets, Tokyo 2005. World Scientifific, Singapore(2007)

[48] Imai K. , Murakami, T. , Saito, N. , Tanida, K. (eds.): Proceedings of the 17th International Spin Physics Symposium (SPIN 2006), Kyoto 2006. AIP Conf. Proc. 915, New York(2007)

[49] Alessi, J. , Bunce, G. , Kponou, A. , Makdisi, Y. I. , Zelenski, A. (eds.): Proceedings of the 12th International Workshop on Polarized Sources and Targets, Brookhaven 2007. AIP Conf. Proc.980, New York(2008)

[50] Crabb, D. G. et al. (eds.): Proceedings of the 18th International Symposium on Spin Physics, Charlottesville 2008. AIP Conf. Proc.1149, New York(2009)

[51] Ciullo, G. , Contalbrigo,M. , Lenisa, P. (eds.): Proceedings of the 13th International Workshop on Polarized Sources, Targets and Polarimetry (PST09), Ferrara 2009. World Scientifific, Singapore(2011)

[52] Rathmann, F. , Ströher, H. (eds.): Proceedings of the International Spin Conference (SPIN2010), Jülich 2010. Published as Open Access by IOP Conference series(2011)

第二章

自旋态和自旋极化

量子力学解决了关于一组态集（粒子、束流、靶）测量结果的统计表述。换句话说：通过给出算子的期望值，它为一个系统的测量结果提供了概率（更好的表述：概率幅）。这里可以区分两种极限情况。一种是当系统的所有成员都处于相同的自旋状态时，我们对系统的认识是完整的。这个状态将完全由状态向量（ket）来表征。另一种特殊的情况是始终是完全（自旋）极化的单个粒子的自旋状态。

例如：在经典的斯特恩–格拉赫（Stern-Gerlach）实验[1]中（见第八章式 8-1），一个非均匀磁场（“极化仪”）通过自旋 $S=1/2$ 系统①的两个投影 $m_S=+1/2$ 和 $m_S=-1/2$ 在空间上分离银原子。通过一个阻挡器切断这部分束流中的一个，剩下的系统将被完全自旋偏振，见图 8-1。这样一个系统（以及束流中每个单个粒子）的一般态矢为

$$|\psi\rangle = a|\uparrow\rangle + b|\downarrow\rangle \tag{2-1}$$

以 $|\uparrow\rangle$ 和 $|\downarrow\rangle$ 完全表述这种系统的基态，即相对于一个方向（如磁场方向）的向上或向下自旋投影。a 和 b 是具有归一化 $|a|^2+|b|^2=1$ 的两个基态的概率幅。和那些双态系统一样，这个系统的维度是 $N=2$（$=2S+1$），因此如果 $|\uparrow\rangle$ 和 $|\downarrow\rangle$ 是正交的，那么这个系统便是完备的。量化轴的选择原则上是任意的。然而，显而易见的是，$|\uparrow\rangle$ 和 $|\downarrow\rangle$ 之间的相位关系，虽然在这个轴的转动变换下子态的占据没有改变，但是对相位关系的描述将会改变。$|\psi\rangle$ 是基态的

① 在发现这一完全出乎意料的现象的时侯，自旋 S 的概念和它的 $2S+1$ 投影的概念都还未被提出。每当我们讨论自旋时，都使用符号 S 和 m_S。符号 J 和 m_J 用于原子的电子自旋态（有时也用于核自旋态），而 I，m_I 则保留用于表示核自旋态。

相干叠加。通常用 β 和 φ 表示“自旋”的极角和方位角。

$$\frac{a}{b}=\frac{\cos\dfrac{\beta}{2}}{e^{i\phi}\sin\dfrac{\beta}{2}} \tag{2-2}$$

这个方程的解表明，有一种态，其所有粒子的自旋指向一个明确的方向（β，φ）。在斯特恩-格拉赫（Stern-Gerlach）的情况下，可以用第二个斯特恩-格拉赫磁体（“分析仪”）检查 a 和 b 的方向相关性，该磁体可绕束流轴旋转：强度分别表现为 $\sin^2$（$\beta/2$）或 $\cos^2$（$\beta/2$）。这个双斯特恩-格拉赫（double Stern-Gerlach）实验被用来引入量子力学的一些基本特征，如自旋的反对易性和对易关系以及自旋算子的其他性质，投影算子形式等[2-5]。

在经典光学中，这非常类似于光偏振行为，只是当转动偏振滤波片时，角度 $\beta/2$ 必须被 β 代替。(因子 1/2 将自旋描述为一种完全非经典的现象)。对系统的所有粒子都有完全了解的状态是一种纯态。另一个极限情况是，斯特恩-格拉赫系统的磁场被关闭。然后，由于对称性的原因，系综中所有粒子的自旋将以等概率指向所有空间方向（完全无极化的系综)。很明显，这个系统不能仅仅用一个态矢量来描述，而且对于这样一个系统，我们不知道每个粒子的自旋指向哪个方向。它显然是一种非极大信息的状态（甚至，正如我们将看到的，它是一种最小信息的状态)。斯特恩·格拉赫分析仪不会检测到与方向的任何依赖性。基态之间也没有固定的相位关系。就像在经典的（统计）物理学中一样，状态的充分描述是纯态的非相干加权叠加。与纯态的情况相反，关于纯向上/向下（UP/DOWN）基态的定义与方向无关。

2.1 测量过程，纯态和混合态，极化

从前面的讨论中，如何描述一般非纯态（混合态、混合系综或“混合”）：人们必须说明概率 p_i（不是概率幅，而是统计权重!）许多纯态对混合态有贡献。详述如下：

（1）$p_i \geqslant 0$ 且 $\sum\limits_i p_i = 1$

（2）选择由态矢 $\psi^{(i)}$ 描述的纯状态的“基”，它不一定必须是正交的。例如：可以将一个在 $+x$ 方向完全极化的纯态与另一个在 $-z$ 方向完全极化的纯态结合起来，前者的 P_1 贡献 = 20%，后者的 P_2 贡献 = 80%。

(3) 这些状态的数量不需要等于状态空间（自旋空间）的维数 N，甚至可以更大。例如，可以想象由三个纯态产生的自旋 1/2 粒子的部分极化系综：P_1 = 30%的粒子在 $+z$ 方向上完全极化，P_2 = 40%在 $+x$ 方向上完全极化，P_3 = 30%在 $-y$ 方向上完全极化。

(4) 在极限情况下，可以想象无限数量的子系统，每个子系统在任意方向上完全极化。如果它们的统计权重都相等，那么测得的自旋极化将为零。

实例：现代斯特恩-格拉赫磁体用于极化粒子束流的原子束源是多极磁体，参见 8.3.3（四极和六极）。在这样的磁体中，由于转动对称，所有围绕 z 轴的场方向都出现的权重相等。这意味着，即使磁体聚焦并因此选择处于一个自旋子态的所有原子，从而产生相对于一个场方向完全极化的部分束流，磁体内部的极化将为零。这是由于纯粒子的非相干叠加，即等权重的全极化子系统。只有在引导原子（绝热的）进入具有主导场方向的场区域后，才会有净极化。

2.2　测量中观测量的期望值和平均值

在（一般）混合系综上进行可观测 $\boldsymbol{A}$ 的测量结果得到一个期望值，即系综中存在 $\psi^{(i)}$（或考虑）的纯态 $\langle\psi^{(i)} \mid \boldsymbol{A} \mid \psi^{(i)}\rangle$ 量子力学期望值的统计系综平均值。这些应该是可扩展在本征态基 $u_n\rangle$（换句话说 $\boldsymbol{A} \mid u_n\rangle = a_n \mid u_n\rangle$）和 $\langle u_n \mid u_m\rangle = \delta u_{nm}$：

$$\langle \boldsymbol{A}\rangle = \sum_i p_i \langle \Psi^{(i)} \mid A \mid \Psi^{(i)}\rangle = \sum_i \sum_n p_i \left|\langle u_n \mid \Psi^{(i)}\rangle\right|^2 a_n \tag{2-3}$$

和

$$\mid \Psi^{(i)}\rangle = \sum_n \langle u_n \mid \Psi^{(i)}\rangle\langle \mid u_n\rangle = \sum_n c_n^{(i)} \mid u_n\rangle \tag{2-4}$$

概率在这里出现了两次：一次是作为在测量中找到本征态为 $\boldsymbol{A}$（具有本征值 a_n）中的状态概率 $|\langle u_n \mid \Psi^{(i)}\rangle|^2$，也作为本征的量子力学状态下找到系综的概率 p_i。通过选择一个更一般的基（例如 0），可以更一般地表示总体平均值为

$$\begin{aligned}\langle \boldsymbol{A}\rangle &= \sum_i p_i \sum_n \sum_m \langle \Psi^{(i)} \mid b_n\rangle\langle b_n \mid A \mid b_m\rangle\langle b_m \mid \Psi^{(i)}\rangle \\ &= \sum_n \sum_m \left(\sum_i p_i \langle b_m \mid \Psi^{(i)}\rangle\langle \Psi^{(i)} \mid b_n\rangle\right)\langle b_n \mid \boldsymbol{A} \mid b_m\rangle\end{aligned} \tag{2-5}$$

n、m 求和中的项数是 N，而 i 取决于统计系统的组成。在这个表达式中，给出了系统的特性和可观测量 A 的特性。

第三章

密度算子和密度矩阵

根据上述关系，密度算子 ρ 可以定义为

$$\rho = \sum_i p_i |\Psi^{(i)}\rangle\langle\Psi^{(i)}| \tag{3-1}$$

其矩阵元为

$$\langle b_m|\rho|b_n\rangle = \sum_i p_i\langle b_m|\Psi^{(i)}\rangle\langle\Psi^{(i)}|b_n\rangle \tag{3-2}$$

根据这个定义，整体平均可以很容易地写成

$$\langle \boldsymbol{A}\rangle = \sum_n\sum_m\langle b_m|\rho|b_n\rangle\langle b_n|A|b_m\rangle = Tr(\rho\boldsymbol{A}) \tag{3-3}$$

由于一个矩阵的迹是独立于它的不同表象的，$\boldsymbol{A}$ 可以在任何合适的基上求值。

3.1 ρ 的普适特性

密度矩阵（参见［1，2］）特别适用于描述任意（纯或混合）极化态（不同于波函数）。用它可以描述可测量的平均值和期望值以及统计分布。

（1）每一个量化的统计混合态都通过其密度算符尽可能精确和完整地描述。

（2）纯态和混合态以相同的方式处理，运算子技术可以用于一致地描述。

（3）波函数 $|\psi\rangle$ 只能确定一个相位因子 $e^{i\phi}$（这对观测量没有作用）。$|\psi\rangle$ 和 $|\psi\rangle e^{i\phi}$ 的密度矩阵 $\boldsymbol{\rho}$ 是相同的。

$\boldsymbol{\rho}$ 的其他性质：

（1）$\boldsymbol{\rho}$ 的迹是 1：

$$\mathrm{Tr}(\rho) = \sum_i\sum_n p_i\langle b_n|\Psi^{(i)}\rangle\langle\Psi^{(i)}|b_n\rangle = \sum_i p_i\langle\Psi^{(i)}|\Psi^{(i)}\rangle = 1 \tag{3-4}$$

（这也来自 $\langle A\rangle = \mathrm{Tr}(\boldsymbol{\rho}A)$，$\mathbf{A} = \mathbf{E}$（$\mathbf{E}$ = 单位矩阵）并且 $\sum_k p_k = 1$）。

（2）对于有实期望值的 A，$\boldsymbol{\rho}$ 必须是厄米的：

$$\boldsymbol{\rho}=\boldsymbol{\rho}^{\dagger};\ \boldsymbol{\rho}_{ik}=\boldsymbol{\rho}_{ki}^{*} \tag{3-5}$$

（3）$\boldsymbol{\rho}$ 是正定的（即所有对角元素都≥0）：

$$\langle b_n|\rho|b_n\rangle = \sum_i p_i\langle b_n|\Psi^{(i)}\rangle\langle\Psi^{(i)}|b_n\rangle = \sum_i p_i|\langle b_n|\Psi^{(i)}\rangle|^2 \geqslant 0 \tag{3-6}$$

3.2　纯态和混合态间的区别

3.2.1　纯态

根据这里的定义，密度算子是一个投影算子：

$$\rho = |\Psi\rangle\langle\Psi| = \sum_n\sum_m |b_n\rangle\langle b_n|\Psi\rangle\langle\Psi|b_m\rangle\langle b_m| \tag{3-7}$$

在特殊基 $|b\rangle$ 中，$|\Psi\rangle$ 是系统的纯态。

它是幂等的，意思是：

$$\rho^2=\rho \text{ 或 } \rho\ (\rho-E)\ =0 \tag{3-8}$$

$$\mathrm{Tr}(\rho^2) = \sum_n\langle u_n|\Psi\rangle\langle\Psi|\Psi\rangle\langle\Psi|u_n\rangle = \sum_n\langle u_n|\Psi\rangle\langle\Psi|u_n\rangle = \mathrm{Tr}(\rho) \tag{3-9}$$

在这种情况下，ρ 的本征值只有 0 或 1。因为 $\mathrm{Tr}\ (\rho)\ =\ 1$：在对角元素中，只有 ρ 的一个元素为 1，其他所有元素都为 0。因此 ρ 的结构是

$$\boldsymbol{\rho}=\begin{pmatrix} 0 & 0 & \cdot & 0 & 0 \\ 0 & 1 & \cdot & 0 & 0 \\ \cdot & \cdot & \cdot & \cdot & \cdot \\ 0 & 0 & \cdot & \cdot & 0 \\ 0 & 0 & \cdot & 0 & 0 \end{pmatrix} \tag{3-10}$$

作为这种特殊情况的重复：具有系统的本征函数 $\langle u_n\rangle$（通常被简化为 $|n\rangle$，如果处理这种本征函数的一个完整的正交粒子数态；那么 n 只对这些态进行编号，而不是量子数！），且 $\sum_n|u_n\rangle\langle u_n|=\boldsymbol{E}$（完备性关系）纯态 $\boldsymbol{A}$ 的量子力学平均值（期望值）为

$$\langle\boldsymbol{A}\rangle = \langle\Psi|\boldsymbol{A}|\Psi\rangle = \sum_n\langle\Psi|n\rangle\langle n|\boldsymbol{A}|\Psi\rangle = \sum_n|\boldsymbol{A}\rangle|\langle n|\Psi\rangle|^2 \tag{3-11}$$

因此，$\langle\boldsymbol{A}\rangle$ 等于 $\boldsymbol{A}$ 可以取的值的总和，每个值乘以它出现的概率。另一方面，

$$\begin{aligned}\mathrm{Tr}(\rho \boldsymbol{A}) &= \mathrm{Tr}(|\Psi\rangle\langle\Psi| \boldsymbol{A}) \\ &= \sum_n \langle n|\Psi\rangle\langle\Psi|\boldsymbol{A}|n\rangle = \sum_n \langle\Psi|n\rangle\langle n|\boldsymbol{A}|\Psi\rangle \\ &= \langle\Psi|\boldsymbol{A}|\Psi\rangle = \langle\boldsymbol{A}\rangle\end{aligned} \tag{3-12}$$

3.2.2 混合态

Tr（ρ^2）≤1 是对系综的混合程度（即偏离纯态）的量度：

$$\begin{aligned}\mathrm{Tr}(\rho^2) &= \sum_n \sum_i \sum_k p_i p_k \langle n|\Psi^{(i)}\rangle\langle\Psi^{(i)}|\Psi^{(k)}\rangle\langle\Psi^{(k)}|n\rangle \\ &= \sum_i \sum_k p_i p_k \langle\Psi^{(i)}|\Psi^{(k)}\rangle^2 \\ &= \sum_k (p_k)^2 \leqslant \left\{\left(\sum_k p_k\right)^2 = [\mathrm{Tr}(\rho)]^2 = 1\right\}\end{aligned} \tag{3-13}$$

其中使用了施瓦兹（Schwarz）不等式和下列符号关系：

$$\mathrm{Tr}\sum = \sum \mathrm{Tr} \tag{3-14}$$

$$\mathrm{Tr}(ABC) = \mathrm{Tr}(BCA) = \mathrm{Tr}(CAB) \tag{3-15}$$

$$\sum |n\rangle\langle n| = 1 \tag{3-16}$$

而密度矩阵

$$\rho = \begin{pmatrix}1 & 0 & 0\\0 & 0 & 0\\0 & 0 & 0\end{pmatrix} \tag{3-17}$$

代表纯态（+x 方向完全极化），密度矩阵

$$\rho = 1/2\begin{pmatrix}1 & 0 & 0\\0 & 1 & 0\\0 & 0 & 0\end{pmatrix} \quad 或 \quad \rho = 1/3\begin{pmatrix}1 & 0 & 0\\0 & 1 & 0\\0 & 0 & 1\end{pmatrix} \tag{3-18}$$

代表混合态（部分极化）。第二种是完全无极化（或最大混合）状态，所有自旋基态均被均匀占据。属于自旋 S 的所有自旋子态都有相同的权重 $p_i = 1/(2S+1)$ 和

$$\boldsymbol{\rho} = \sum_m |\mathrm{m}\rangle\frac{1}{2S+1}\langle\mathrm{m}| \quad 和 \quad \mathrm{Tr}(\rho^2) = \frac{1}{2S+1} \leqslant 1 \tag{3-19}$$

Fano[1] 提出作为系综（束流等）“极化度”的一般度量（历史上的!）：

$$\hat{P} = \left[\mathrm{Tr}(\rho^2) - \frac{1}{2S+1}\right]\frac{2S+1}{2S} \tag{3-20}$$

这个量对于完全非极化系综为 0，对于完全极化系综为 1，并且对于任意自旋 S 是有效的（正如将看到的，这样的描述一般不适用于部分极化系综!）。

3.3 ρ 的其他普适特性

一个具有哈密顿量 H 的物理系统，它的时间演化可以描述为

$$\dot{\boldsymbol{\rho}} = -\frac{i}{\hbar}[H, \rho] \tag{3-21}$$

对系统的“无知”可以通过定义“熵”来表达：

$$S = -\sum_{k} p_k \ln p_k \tag{3-22}$$

因此纯态有 $S=0$，非常“不纯”（混合）的态有很大的正熵（另一个定义是 $-k\ln\rho = -k\mathrm{Tr}(\rho\ln\rho)$）。

3.4 密度矩阵实例

3.4.1 自旋 $S=1/2$

如上所述，纯态完全由它的波函数来表示：

$$|\psi\rangle = a|\chi+1/2\rangle + b|\chi-1/2\rangle \equiv a|\uparrow\rangle + b|\downarrow\rangle = a\begin{pmatrix}1\\0\end{pmatrix} + b\begin{pmatrix}0\\1\end{pmatrix} \tag{3-23}$$

则它的密度矩阵就是：

$$\boldsymbol{\rho} = \begin{pmatrix}|a|^2 & ab^*\\ ba^* & |b|^2\end{pmatrix}，\text{其中} |a|^2+|b|^2=1 \tag{3-24}$$

对于自旋为 1/2 的单个粒子，或者等价地，对于自旋为 1/2 的粒子束流在量化轴（通常是 z 轴）方向完全极化，$a=1$，$b=0$ 的情况如图 3-1 所示，并且

$$|\psi\rangle = \begin{pmatrix}1\\0\end{pmatrix} \quad \boldsymbol{\rho} = \begin{pmatrix}1 & 0\\ 0 & 0\end{pmatrix} \tag{3-25}$$

类似地在图 3-2 中，对于在 $-z$ 方向完全极化的粒子（束流），$a=0$，$b=1$

$$|\psi\rangle = \begin{pmatrix}0\\1\end{pmatrix} \quad \boldsymbol{\rho} = \begin{pmatrix}0 & 0\\ 0 & 1\end{pmatrix} \tag{3-26}$$

然而，对于在一般方向 β 完全极化的单个粒子（或束流），如图 3-3 所示，φ 相对于量化轴具有旋量：

$$\begin{pmatrix} a \\ b \end{pmatrix} = \begin{pmatrix} \cos\dfrac{\beta}{2} \\ \sin\dfrac{\beta}{2}e^{i\varphi} \end{pmatrix} \tag{3-27}$$

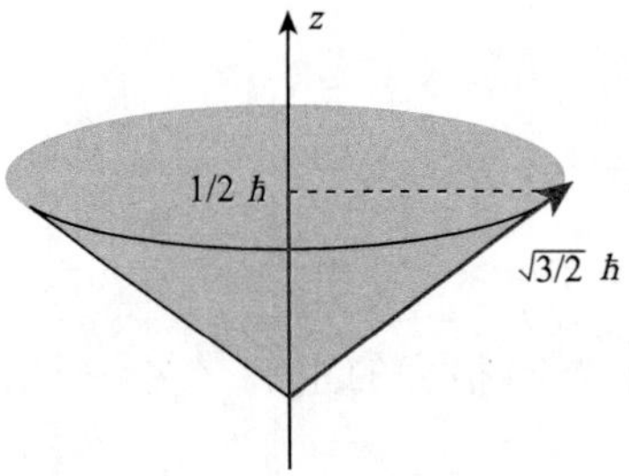

图 3-1　自旋向上

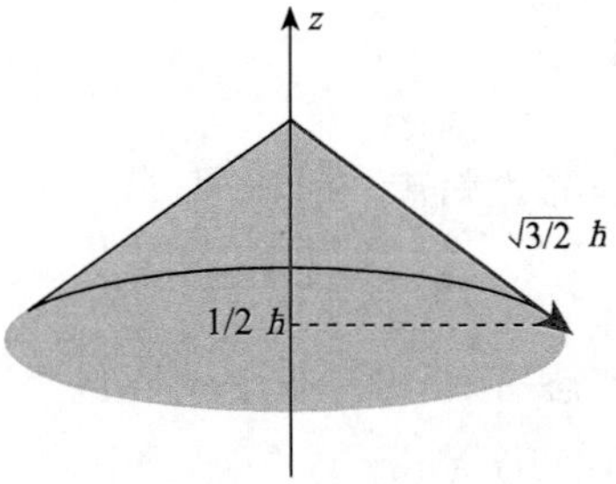

图 3-2　自旋向下

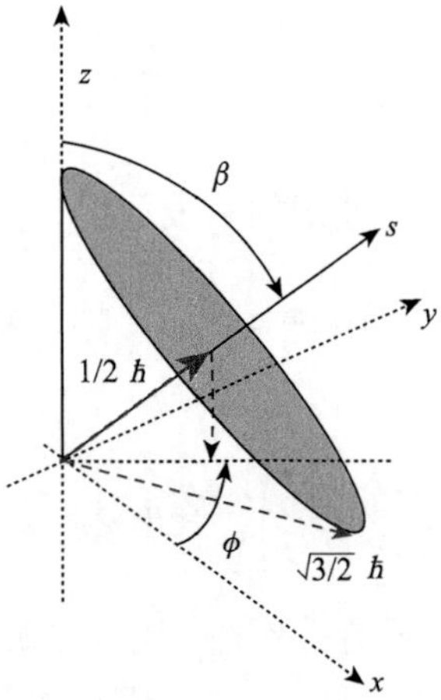

图 3-3　自旋 1/2 在笛卡儿坐标系中相对于 z 轴 β 角，相对于 x 轴 φ 角的任意方向上（这对应于纯自旋态的叠加，其权重为 1/2）。

因此密度矩阵：

$$\boldsymbol{\rho} = \begin{pmatrix} \cos^2\dfrac{\beta}{2} & \cos\dfrac{\beta}{2}\sin\dfrac{\beta}{2}e^{-i\varphi} \\ \sin\dfrac{\beta}{2}\cos\dfrac{\beta}{2}e^{i\varphi} & \sin^2\dfrac{\beta}{2} \end{pmatrix} = \begin{pmatrix} \rho_{++} & \rho_{+-} \\ \rho_{-+} & \rho_{--} \end{pmatrix} \tag{3-28}$$

关系

$$\mathrm{Tr}\,(\rho^2) = \mathrm{Tr}\,(\rho) = 1 \tag{3-29}$$

在对角化（转动-β；关于转动的详细信息，请参见第四章）时，这就变成了：

$$\boldsymbol{\rho}=\begin{pmatrix}1 & 0\\ 0 & 0\end{pmatrix} \tag{3-30}$$

一个所有自旋基态均被占用的完全非极化束流的密度矩阵为

$$\rho=1/2\begin{pmatrix}1 & 0\\ 0 & 1\end{pmatrix}=1/2\left[\begin{pmatrix}1 & 0\\ 0 & 0\end{pmatrix}+\begin{pmatrix}0 & 0\\ 0 & 1\end{pmatrix}\right] \tag{3-31}$$

练习：密度矩阵 $\boldsymbol{\rho}=1/2\begin{pmatrix}1 & 1\\ 1 & 1\end{pmatrix}$ 表示哪种状态？

相对于 z 轴任意方向的部分极化束流由密度矩阵描述，该密度矩阵由两个贡献组成：一个贡献 p 是完全极化束流，另一个贡献（$1-p$）是完全非极化束流：

$$\begin{aligned}\boldsymbol{\rho} &= (1-p)\ \frac{1}{2}\begin{pmatrix}1 & 0\\ 0 & 1\end{pmatrix}+p\begin{pmatrix}\rho_{++} & \rho_{+-}\\ \rho_{-+} & \rho_{--}\end{pmatrix}\\ &=\begin{pmatrix}\dfrac{1-p}{2}+p\cos^2\dfrac{\beta}{2} & \dfrac{p}{2}\sin\beta \mathrm{e}^{-i\varphi}\\ \dfrac{p}{2}\sin\beta \mathrm{e}^{i\varphi} & \dfrac{1-p}{2}+p\sin^2\dfrac{\beta}{2}\end{pmatrix}\end{aligned} \tag{3-32}$$

在对角化（转动-β，酉变换）时，该矩阵变成：

$$\boldsymbol{\rho}=1/2\begin{pmatrix}1+p & 0\\ 0 & 1-p\end{pmatrix} \tag{3-33}$$

这种情况的态可以被解释为两个纯态的叠加，这两个纯态是根据量化轴的贡献定义的，其贡献（占据数）分别是 $|a|^2$ 和 $|b|^2$（以及 N_+ 和 N_-）。

$$\boldsymbol{\rho}=N_+\begin{pmatrix}1 & 0\\ 0 & 0\end{pmatrix}+N_-\begin{pmatrix}0 & 0\\ 0 & 1\end{pmatrix}=\begin{pmatrix}N_+ & 0\\ 0 & N_-\end{pmatrix} \tag{3-34}$$

联立以上两式，可以看到

$$p=\frac{N_+-N_-}{N_++N_-} \tag{3-35}$$

具有了极化的通常形式（它实际上是自旋 1/2 系统的矢量极化模）。因此，建议引入一般的定义：“自旋极化是自旋算子的期望值”。

如果取 $\boldsymbol{S}$ 为一个自旋算子（具有矢量特征，例如自旋 1/2 的情况），在 z 方向的对角化表示中，$\boldsymbol{\rho}$ 的量化轴得到 z 分量①

---

① 在接下来的讨论中，假设用笛卡尔坐标进行描述。

$$p_z = \langle S_z \rangle = \frac{\mathrm{Tr}\ (\boldsymbol{\rho} S_z)}{\mathrm{Tr}\ (\boldsymbol{\rho})}$$

$$= \frac{1}{\mathrm{Tr}\ (\boldsymbol{\rho})}\mathrm{Tr}\left[\begin{pmatrix} N_+ & 0 \\ 0 & N_- \end{pmatrix}\begin{pmatrix} 1 & 0 \\ 0 & -1 \end{pmatrix}\right]$$

$$= \frac{1}{\mathrm{Tr}\ (\boldsymbol{\rho})}\mathrm{Tr}\begin{pmatrix} N_+ & 0 \\ 0 & N_- \end{pmatrix}$$

$$= \frac{N_+ - N_-}{N_+ + N_-} \tag{3-36}$$

这与通常的（朴素的）极化定义相一致。

3.4.2 自旋 $S=1$

在对角化表示中，也可以引入一个朴素定义的（矢量）极化，类似于自旋 1/2 的情况：

$$p_z = \frac{N_+ - N_-}{N_+ + N_0 + N_-} \tag{3-37}$$

然而，由于在这个定义中没有对占据状态 $|\chi 0\rangle$ 作出任何声明，显然必须定义至少一个额外的独立量，才能完全描述自旋为 1 的情况。这个量被称为张量极化（有时也称为自旋 1 粒子的“排列”，例如与矢量“极化”不同的光子），它被定义为 N_+、N_-的和与 N_0 之间的（归一化）差：

$$p_{zz} = \frac{N_+ + N_- - 2N_0}{N_+ + N_0 + N_-} \tag{3-38}$$

对于纯态，类似于自旋 1/2 的情况：

$$|\psi\rangle = a|\chi_1\rangle + b|\chi_0\rangle + c|\chi_{-1}\rangle \equiv a|1\rangle + b|0\rangle + c|-1\rangle = \begin{pmatrix} a \\ b \\ c \end{pmatrix} \tag{3-39}$$

且

$$\boldsymbol{\rho} = \begin{pmatrix} |a|^2 & ab^* & ac^* \\ ba^* & |b|^2 & bc^* \\ ca^* & cb^* & |c|^2 \end{pmatrix} \tag{3-40}$$

对于混合态，必须取构成系综的纯态上的系综平均值。

自旋 $\boldsymbol{S}=1$ 的例子：对于自旋向上（UP）、横向（SIDEWAYS）和向下（DOWN），如图 3-4 所示：状态矢量和密度矩阵。

$$|\uparrow\rangle=\begin{pmatrix}1\\0\\0\end{pmatrix}\ |\rightarrow\rangle=\begin{pmatrix}0\\1\\0\end{pmatrix}\ |\downarrow\rangle=\begin{pmatrix}0\\0\\1\end{pmatrix}$$

$$\boldsymbol{\rho}_{+1}=\begin{pmatrix}1&0&0\\0&0&0\\0&0&0\end{pmatrix}\ \boldsymbol{\rho}_0=\begin{pmatrix}0&0&0\\0&1&0\\0&0&0\end{pmatrix}\ \boldsymbol{\rho}_{-1}=\begin{pmatrix}0&0&0\\0&0&0\\0&0&1\end{pmatrix} \tag{3-41}$$

$$\begin{array}{cccc} p_z & 1 & 0 & -1 \\ p_{zz} & 1 & -2 & 1 \end{array}$$

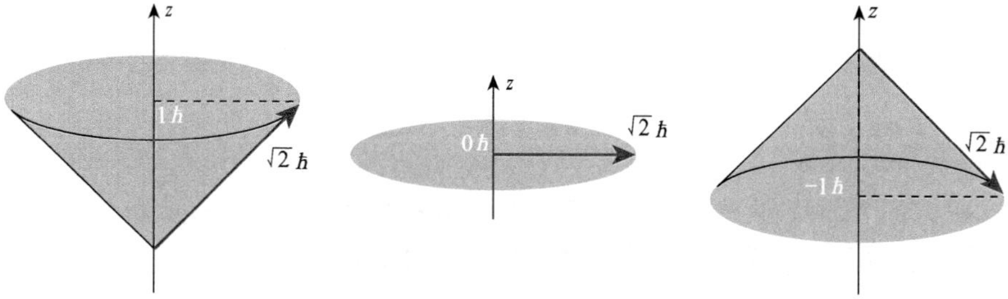

图 3-4　自旋 1 沿 z 轴排列的三个可能的纯态

混合态包含了具有各自统计权重的纯态。完全无极化的粒子束流的描述用

$$\boldsymbol{\rho}=\frac{1}{3}\begin{pmatrix}1&0&0\\0&1&0\\0&0&1\end{pmatrix} \tag{3-42}$$

对于完全正“顺排”的束流，+1 和−1 态完全被占据，密度矩阵为

$$\boldsymbol{\rho}=\frac{1}{2}\begin{pmatrix}1&0&0\\0&0&0\\0&0&1\end{pmatrix} \tag{3-43}$$

它的 $p_z=0$，$p_{zz}=1$，$\hat{P}=1/4$。当只有 0 态被占用时，得到最大负顺排的情况：

$$\boldsymbol{\rho}=\begin{pmatrix}0&0&0\\0&1&0\\0&0&0\end{pmatrix} \tag{3-44}$$

其 $p_z=0$，$p_{zz}=-2$，$\hat{P}=1$。例如，在兰姆位移（Lambshift）极化离子源中，+1 态（相对）占 2/3，0 态（相对）占 1/3：

$$\boldsymbol{\rho}=\frac{1}{3}\begin{pmatrix}2 & \sqrt{2} & 0\\ \sqrt{2} & 1 & 0\\ 0 & 0 & 0\end{pmatrix} \tag{3-45}$$

它的 $p_z=2/3$，$p_{zz}=0$，$\hat{P}=1/3$。另一种情况是

$$\boldsymbol{\rho}=\frac{1}{3}\begin{pmatrix}\frac{1}{2} & 0 & 0\\ 0 & 2 & 0\\ 0 & 0 & \frac{1}{2}\end{pmatrix} \tag{3-46}$$

它的 $p_z=0$，$p_{zz}=-1$，$\hat{P}=1/4$。

3.4.3 纯 $S=1$ 态的转动

自旋 1/2 态的旋转在上面已经说明，见 3.4.1 节。转动的普适形式将在下面第 4 章加以说明，将详细地描述转动函数 ρ 值的转动。

$$\rho'=\boldsymbol{D}\rho\boldsymbol{D}^{\dagger} \tag{3-47}$$

对于 $\rho=\begin{pmatrix}1 & 0 & 0\\ 0 & 0 & 0\\ 0 & 0 & 0\end{pmatrix}$ 在 β、φ 转动下，密度矩阵为

$$\rho'=\frac{1}{4}\begin{pmatrix}(1+\cos\beta)^2 & \sqrt{2}(1+\cos\beta)\sin\beta e^{i\phi} & \sin^2\beta e^{2i\phi}\\ \sqrt{2}(1+\cos\beta)\sin\beta e^{-i\phi} & 2\sin^2\beta & \sqrt{2}(1-\cos\beta)\sin\beta e^{i\phi}\\ \sin^2\beta e^{-2i\phi} & \sqrt{2}(1-\cos\beta)\sin\beta e^{-i\phi} & (1-\cos\beta)^2\end{pmatrix} \tag{3-48}$$

其中 $S=1$ 时的转动矩阵（见第四章）：

$$\boldsymbol{D}=\frac{1}{2}\begin{pmatrix}(1+\cos\beta)e^{i\phi} & -\sqrt{2}\sin\beta e^{i\phi} & (1-\cos\beta)e^{2i\phi}\\ \sqrt{2}\sin\beta & 2\cos\beta & -\sqrt{2}\sin\beta\\ (1-\cos\beta)e^{-i\phi} & \sqrt{2}\sin\beta e^{-i\phi} & (1+\cos\beta)e^{-i\phi}\end{pmatrix} \tag{3-49}$$

ρ'迹为 1，并且也代表（从其外部形式很难识别）一个纯态。

3.5 自旋系统的完全描述

一个自旋系统的完整描述参数的个数依赖于 S 的值，例如 $S=1$：除了强度

（或粒子数）是一个标量或0阶张量外，矢量极化（1阶）需要3个分量，张量极化（2阶张量）需要9个分量减去1作为归一化条件（使其无迹）。总共有11个参数（算上强度是12个）。极化束流，例如来自离子源，围绕 z 轴（束流的方向）具有转动对称性。因此张量将是对称的，即 $p_{xx}=p_{yy}$，$p_{xy}=p_{yx}$ 等，这将参数的数量减少到8（9）。对于核反应中产生的粒子的极化，这种减少是不成立的。但是像奇偶守恒这样的对称性有助于减少可观测量。一个特殊的例子又是纯态。这种态可以用 $4S=2(2S+1)-2$ 个实参数（$2S+1$ 个复数减去一个归一化条件减去一个共相）来描述。一般情况下，混合态的参数的个数为 $4S(S+1)$（$2(2S+1)^2$ 个实数减去 $(2S+1)^2$ 厄米条件减去一个归一化：$2(2S+1)^2-(2S+1)^2-1=4S(S+1)$）。

	z方向的纯态	相对于x,y,z任意角β,ϕ的纯态	一般混合态
$S=1/2$	1	2	3
	p_z	如β,ϕ	如p_x
$S=1$	2	4	8
	如p_z,p_{zz}	如p_z,p_{zz}	如p_x,p_y,p_z
		β,ϕ	$p_{yy},p_{zz},p_{xz},p_{xy},p_{yz}$
$S=3/2$	3	6	15

（3-50）

3.6 密度矩阵和自旋张量矩的展开

密度矩阵不太适合直接描述观测值。它用于计算算子的期望值。在核反应中入射或出射粒子的强度，以及靶粒子的数量，都与相关的密度矩阵 $\boldsymbol{\rho}$ 的迹成正比。因为这些量以标量的形式变换，直到归一化，等于 $1=\mathrm{Tr}(\boldsymbol{\rho E})$。习惯上将入射密度矩阵精确归一化（$\mathrm{Tr}(\boldsymbol{\rho})_{\mathrm{in}}=1$），这将自动导致 $\mathrm{Tr}(\boldsymbol{\rho}_{fin})\neq 1$。将密度矩阵扩展为具有定义明确的属性（例如，在像转动这样的转换下）的基系统，提供了具有相应行为的可观测对象的描述。这个定义的另一个要求当然是这些定义好的量要与基本定义的量具有对应关系。秩1极化必须像一个最大值为1的矢量，秩2极化像一个秩2张量，等等。

因此，公式为：将密度矩阵展开为具有所期望性质的正交基矩阵的完整集合，展开系数为新的参数集合：

$$\boldsymbol{\rho} = \sum_j \lambda_j U_j^{\dagger} \tag{3-51}$$

对于 U，只需要正交性：$\mathrm{Tr}\ (U_i U_k^{\dagger})\ = \delta_{ik}\ (2S+1)$，但不一定是厄米性，因为一般来说 λ_j 是复数。因为 ρ 有 $(2S+1)^2$ 个复元素，需要 $(2S+1)^2$ 个基矩阵(例如，$S=1/2$，有 4 个基矩阵)。从 $j=1$ 到 $(2S+1)^2$ 展开。每个秩为 k 的张量都有 $2k+1$ 个分量，因此：

$$(2S+1)^2 = \sum_{k=0}^{k_{\max}} (2k+1) = \frac{1}{2}(k_{\max}+1)(2k_{\max}+2) = (k_{\max}+1)^2 \tag{3-52}$$

因此，完全描述自旋系统所需的自旋张量的最大秩为 $k_{\max}=2S$。

对于展开系数 λ_j 的解释：两边乘以 U_i，形成迹，利用正交性和算子期望值的定义：

$$\begin{aligned}\mathrm{Tr}(\rho U_i) &= \mathrm{Tr}(U_i\rho) = \mathrm{Tr}\Big(\sum_{j=1}^{(2S+1)^2} \lambda_j U_i U_j^{\dagger}\Big) = \sum_j \lambda_j \mathrm{Tr}(U_i U_j^{\dagger}) \\ &= \sum_j \lambda_j (2S+1)\delta_{ij} = (2S+1)\lambda_i \equiv \langle U_i \rangle \end{aligned} \tag{3-53}$$

其中的平均值将被用于系综（如束流）。通过比较得到

$$\lambda_i = \frac{1}{2S+1}\ \langle U_i \rangle_{\text{beam}} \tag{3-54}$$

$$\rho = \frac{1}{2S+1}\sum_{j=1}^{(2S+1)^2} \langle U_j \rangle_{\text{beam}} U_j^{\dagger} \tag{3-55}$$

像其他展开式（电磁、质量矩……）中一样，系数 U_j 被称为展开式矩，这里是：(自旋) 张量矩。这个概念是由 Fano[3] 提出的。

这类展开式中最重要的是笛卡尔张量展开式和球张量展开式。后者在转动下表现为球谐函数 Y_l^m $(\Theta,\ \Phi)$。为 U_j 选择不可约表示是有用的。所有的变换，例如转动，都是线性的，不同秩的子矩阵不会被变换混合，而只在它们秩内进行变换（张量极化的分量不会产生矢量极化）。

3.6.1 自旋 $S=1/2$ 时笛卡尔坐标系下 $\boldsymbol{\rho}$ 的展开

$$|\chi\rangle = \begin{pmatrix} a \\ b \end{pmatrix}$$

$$\rho = \begin{pmatrix} \overline{|a|^2} & \overline{ab^*} \\ \overline{ba^*} & \overline{|b|^2} \end{pmatrix} \tag{3-56}$$

作为基矩阵 U_i，选择单位矩阵和三个泡利矩阵 $\boldsymbol{\sigma}$：

$$U_1=\boldsymbol{E}=\begin{pmatrix}1&0\\0&1\end{pmatrix}$$

$$U_2=\boldsymbol{\sigma}_x=\begin{pmatrix}0&1\\1&0\end{pmatrix}$$

$$U_3=\boldsymbol{\sigma}_y=\begin{pmatrix}0&-i\\i&0\end{pmatrix}$$

$$U_4=\boldsymbol{\sigma}_z=\begin{pmatrix}1&0\\0&-1\end{pmatrix} \tag{3-57}$$

这将导致：

$$\boldsymbol{\rho}=\frac{1}{2}\left(1+\langle\boldsymbol{\sigma}\rangle\boldsymbol{\sigma}\right)=\frac{1}{2}\left(1+\boldsymbol{p}\boldsymbol{\sigma}\right)$$
$$=1/2\begin{pmatrix}1+p_z&p_x-ip_y\\p_x+ip_y&1-p_z\end{pmatrix} \tag{3-58}$$

通过比较系数：

$$p_x=2\mathrm{Re}(\overline{ba^*})\text{；}p_y=2\mathrm{Im}(\overline{ba^*})\text{；}p_z=\overline{|a|^2}-\overline{|b|^2} \tag{3-59}$$

p_z 的结果符合极化的朴素定义！

3.6.2 自旋 $S=1$

这里需要（$2S+1)^2=9$ 个秩为 2 的基矩阵。它们是利用秩为 1 的张量的直积（矢量）得到的。由于它们的转动性质，$S=1$ 的三个笛卡尔泡利矩阵和单位矩阵被选择，其中一个可以构成 13 个 3 × 3 的秩为 2 的矩阵。以下面的矩阵为开始：

$$\boldsymbol{E}=\begin{pmatrix}1&0&0\\0&1&0\\0&0&1\end{pmatrix},\quad \boldsymbol{S}_x=\frac{1}{\sqrt{2}}\begin{pmatrix}0&1&0\\1&0&1\\0&1&0\end{pmatrix}$$

$$\boldsymbol{S}_y=\frac{1}{\sqrt{2}}\begin{pmatrix}0&-i&0\\i&0&-i\\0&i&0\end{pmatrix},\quad \boldsymbol{S}_z=\frac{1}{\sqrt{2}}\begin{pmatrix}1&0&0\\0&0&0\\0&0&-1\end{pmatrix} \tag{3-60}$$

它们形成了：

$$\boldsymbol{S}_x^2=\frac{1}{2}\begin{pmatrix}1&0&1\\0&2&0\\1&0&1\end{pmatrix}\quad \boldsymbol{S}_y^2=\frac{1}{2}\begin{pmatrix}1&0&-1\\0&2&0\\-1&0&1\end{pmatrix}$$

$$S_z^2=\begin{pmatrix}1&0&0\\0&0&0\\0&0&1\end{pmatrix}\quad S_xS_y=\frac{1}{2}\begin{pmatrix}i&0&-i\\0&0&0\\i&0&-i\end{pmatrix}$$

$$S_xS_z=\frac{1}{\sqrt{2}}\begin{pmatrix}0&0&0\\1&0&-1\\0&0&0\end{pmatrix}\quad S_yS_z=\frac{1}{\sqrt{2}}\begin{pmatrix}0&0&0\\i&0&i\\0&0&0\end{pmatrix}\tag{3-61}$$

$\boldsymbol{S}_y\boldsymbol{S}_x$，$\boldsymbol{S}_z\boldsymbol{S}_x$，$\boldsymbol{S}_z\boldsymbol{S}_y$ 也是如此。$\boldsymbol{S}_i$ 是厄米的：$\boldsymbol{S}_i\boldsymbol{S}_j=(\boldsymbol{S}_j\boldsymbol{S}_i)^\dagger$，即 $\boldsymbol{S}_i\boldsymbol{S}_j$通过对易关系与 $\boldsymbol{S}_j\boldsymbol{S}_i$相连。反对称性组合

$$\boldsymbol{S}_i\boldsymbol{S}_j-\boldsymbol{S}_j\boldsymbol{S}_i=i\boldsymbol{S}_k\tag{3-62}$$

对称组合

$$\boldsymbol{S}_i\boldsymbol{S}_j+\boldsymbol{S}_j\boldsymbol{S}_i=(\boldsymbol{S}_i\boldsymbol{S}_j)^\dagger+(\boldsymbol{S}_j\boldsymbol{S}_i)^\dagger=(\boldsymbol{S}_i\boldsymbol{S}_j+\boldsymbol{S}_j\boldsymbol{S}_i)^\dagger\tag{3-63}$$

自然是厄米的。在一个分解里

$$\boldsymbol{S}_i\boldsymbol{S}_j=\frac{1}{2}(\boldsymbol{S}_i\boldsymbol{S}_j+\boldsymbol{S}_j\boldsymbol{S}_i)+\frac{1}{2}(\boldsymbol{S}_i\boldsymbol{S}_j-\boldsymbol{S}_j\boldsymbol{S}_i)\tag{3-64}$$

中，对于对称部分和反对称部分，后者由于交换关系没有提供任何新东西。因此，只保留对称部分，形成新的组合：

$$\boldsymbol{S}'_{ij}=\frac{1}{2}(\boldsymbol{S}_i\boldsymbol{S}_j+\boldsymbol{S}_j\boldsymbol{S}_i)=\frac{1}{2}(\boldsymbol{S}_i\boldsymbol{S}_j+(\boldsymbol{S}_i\boldsymbol{S}_j)^\dagger)\tag{3-65}$$

这样的组合有 6 个。需要 5 个，其允许在 $\boldsymbol{S}_{ij}$的最终定义中引入一个物理条件：非极化系综的极化应该为零：$(\mathrm{Tr}(\boldsymbol{S}_i)=\mathrm{Tr}(\boldsymbol{S}'_{ij})=0)$。由于这对于 $i=j$ 的 $\boldsymbol{S}_{ij}$不满足，所以使用了一个新的定义：

$$\boldsymbol{S}_{ij}=3\boldsymbol{S}'_{ij}-2\delta_{ij}\boldsymbol{E}=3/2(\boldsymbol{S}_i\boldsymbol{S}_j+\boldsymbol{S}_j\boldsymbol{S}_i)-2\delta_{ij}\boldsymbol{E}\tag{3-66}$$

导致：$\boldsymbol{S}_{xx}+\boldsymbol{S}_{yy}+\boldsymbol{S}_{zz}=0$，$\mathrm{Tr}(\boldsymbol{S}_{ij})=\mathrm{Tr}(\boldsymbol{S}_i)=0$。无极化系综的所有“极化”为零。在三个对角元素中，只有两个是独立的。此外，由于没有两个 $\boldsymbol{S}_{ii}$是正交的，一个使用两个正交线性组合的 $\boldsymbol{S}_{ii}$代替。可能有几种组合，例如 $(\boldsymbol{S}_{xx}-\boldsymbol{S}_{yy};\ \boldsymbol{S}_{zz})$ 或 $(\boldsymbol{S}_{zz}-\boldsymbol{S}_{xx};\ \boldsymbol{S}_{yy})$。这里将选择 $\boldsymbol{S}_{xx}+\boldsymbol{S}_{yy}$和 $\boldsymbol{S}_{xx}-\boldsymbol{S}_{yy}$。当 $\mathrm{Tr}(\boldsymbol{S}_i^2)=2$，$\mathrm{Tr}(\boldsymbol{S}_{ij}^2)=9/2$，$\mathrm{Tr}(\boldsymbol{S}_{xx}+\boldsymbol{S}_{yy})^2=6$，$\mathrm{Tr}(\boldsymbol{S}_{xx}-\boldsymbol{S}_{yy})^2=18$ 时，笛卡尔展开基为：

$$U_1=\boldsymbol{E};$$

$$U_2=\sqrt{3/2}\,\boldsymbol{S}_x;\ U_3=\sqrt{3/2}\,\boldsymbol{S}_y;\ U_4=\sqrt{3/2}\,\boldsymbol{S}_z;$$

$$U_5=\sqrt{2/3}\,\boldsymbol{S}_{xy};\ U_6=\sqrt{2/3}\,\boldsymbol{S}_{xz};\ U_7=\sqrt{2/3}\,\boldsymbol{S}_{yz};$$

$$U_8=\sqrt{1/2}\,(\boldsymbol{S}_{xx}+\boldsymbol{S}_{yy});$$

$$U_9=\sqrt{1/6}\,(\boldsymbol{S}_{xx}-\boldsymbol{S}_{yy})。\tag{3-67}$$

利用 $\langle S_{xx}\rangle + \langle S_{yy}\rangle + \langle S_{zz}\rangle = 0$ 和 $S_{xx}+S_{yy}+S_{zz}=0$，得到：

$$\rho = \frac{1}{3}\sum_{k=1}^{(2S+1)^2}\langle U_k\rangle U_k^{\dagger}$$

$$= \frac{1}{3}\left(E + \frac{3}{2}\sum_{i}\langle S_i\rangle S_i + \frac{1}{3}\sum_{ij}\langle S_{ij}\rangle S_{ij}\right) \tag{3-68}$$

（对不同的推导见[4]）。对 ij 求和意味着出现 $i=j$，$i\neq j$ 两项）写出：

$$\rho = \frac{1}{3}\begin{pmatrix} 1+\frac{3}{2}p_z+\frac{1}{2}p_{zz} & \frac{1}{\sqrt{2}}\left[\frac{3}{2}(p_x-ip_y)+(p_{xz}-ip_{yz})\right] & \frac{1}{2}(p_{xx}-p_{yy})-ip_{xy} \\ \frac{1}{\sqrt{2}}\left[\frac{3}{2}(p_x+ip_y)+(p_{xz}+ip_{yz})\right] & 1-p_{zz} & \frac{1}{\sqrt{2}}\left[\frac{3}{2}(p_x-ip_y)-(p_{xz}-ip_{yz})\right] \\ \frac{1}{2}(p_{xx}-p_{yy})+ip_{xy} & \frac{1}{\sqrt{2}}\left[\frac{3}{2}(p_x+ip_y)-(p_{xz}+ip_{yz})\right] & 1-\frac{3}{2}p_z+\frac{1}{2}p_{zz} \end{pmatrix} \tag{3-69}$$

秩为 k（$k=0$，1，2）的极化参数形成秩为 k 的张量。对于 $k=0$，它是与某个强度成正比的标量；对于 $k=1$，它是一个具有三个分量（矢量极化）的矢量；对于 $k=2$，它是一个秩为 2 的张量，由对称的无迹的（k+1）×（k+1）（因此是 3×3）形式矩阵表示

$$\begin{pmatrix} p_{xx} & p_{xy} & p_{xz} \\ p_{xy} & p_{yy} & p_{yz} \\ p_{xz} & p_{yz} & p_{zz} \end{pmatrix} \tag{3-70}$$

其有五个独立的参数。总的来说，自旋为 1 的系统有 9 个参数。与（$S=1$）旋量的分量 a，b，c 的关系是：

$$p_x = \sqrt{2}\,\mathrm{Re}\left(\overline{ba^*}+\overline{cb^*}\right);\ p_y = \sqrt{2}\,\mathrm{Im}\left(\overline{ba^*}+\overline{cb^*}\right);\ p_z = \overline{|a|^2}-\overline{|c|^2}$$

$$p_{xz} = \frac{1}{\sqrt{2}}\mathrm{Re}\left(\overline{ba^*}-\overline{cb^*}\right);\ p_{yz} = \frac{1}{\sqrt{2}}\mathrm{Im}\left(\overline{ba^*}-\overline{cb^*}\right);\ p_{xy} = \mathrm{Im}\left(\overline{ca^*}\right)$$

$$p_{zz} = -(p_{xx}+p_{yy}) = 1-3\overline{|b|^2} = \overline{|a|^2}+\overline{|c|^2}-2\overline{|b|^2} \tag{3-71}$$

与 p_z 和 p_{zz} 的朴素定义一致。

3.6.3 极化分量的极限值

因为 $\mathrm{Tr}(\rho) = \overline{|a|^2}+\overline{|b|^2}+\overline{|c|^2}=1$，

$$\overline{|a|^2}+\overline{|c|^2}\leqslant 1 \tag{3-72}$$

成立，因此

$$\left|\overline{|a|^2}-\overline{|c|^2}\right|=\overline{|a|^2}+\overline{|c|^2}\leqslant 1 \tag{3-73}$$

由此：

$$|p_z|\leqslant 1 \text{ 或} -1\leqslant p_z\leqslant +1 \tag{3-74}$$

因为坐标轴的选择是任意的，

$$|p_x|\leqslant 1 \text{ 且 } |p_y|\leqslant 1 \tag{3-75}$$

用同样的方法可以证明：

$$|p_{xz}|\leqslant \frac{3}{2};\quad |p_{yz}|\leqslant \frac{3}{2};\quad |p_{xy}|\leqslant \frac{3}{2};\quad |p_{xx}-p_{yy}|\leqslant 3 \tag{3-76}$$

因此：

$$-2\leqslant p_{zz}\leqslant +1 \tag{3-77}$$

矢量极化和张量极化的分量不是相互独立的，而是通过自旋为 1 系统的三种基态的占据数（或占据概率）N_i 相互关联。在对角化表示（$\overline{|a|^2}=N_+$；$\overline{|b|^2}=N_0$；$\overline{|c|^2}=N_-$）中，$N_++N_0+N_-=1$ 的归一化与 $N_i\geqslant 0$ 的“正值条件”相结合。这足以确定矢量和张量极化值作为占据数的函数（见图 3-5）。

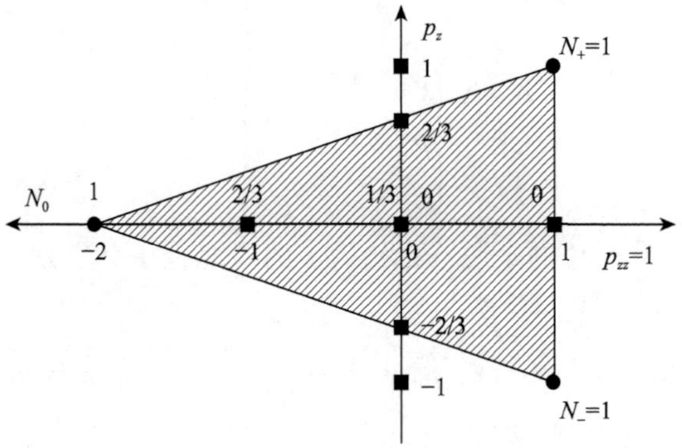

图 3-5　在附加条件 $N_++N_0+N_-=1$ 和 $N_i\geqslant 0$ 下自旋为 1 的系统极化分量的取值范围

3.6.4　球面张量展开

每个矢量的表示可以是直角坐标的，也可以是球坐标的。以位置矢量为例开始：位置矢量的球分量 $\boldsymbol{r}=\begin{pmatrix}x\\y\\z\end{pmatrix}$ 是

$$r_{\pm1}=\mp\frac{1}{\sqrt{2}}(x+iy),\quad r_0=z \tag{3-78}$$

对应的所谓“空间谐振”定义为

$$\mathcal{Y}_{1m}(\boldsymbol{r})=\sqrt{3/(4)\pi}\,r_m=r^1Y_1^m(\Theta,\ \Phi) \tag{3-79}$$

因此

$$rY_1^{\pm1}(\Theta,\ \Phi)=\sqrt{3/(4)\pi}\left(\mp\frac{1}{\sqrt{2}}(x\pm iy)\right) \tag{3-80}$$

与

$$rY_1^0(\Theta,\ \Phi)=\sqrt{3/(4)\pi}\,z \tag{3-81}$$

它描述了（x, y, z）在球极坐标（r，Θ，Φ）中的位置。也就是说每一个变换为矢量的量都可以用球坐标表示。

因为任意秩的张量（张量算子）可以由给定的一组矢量（矢量算子）分量的组合（直积或外积）产生，球面张量 τ_{kq}（秩 $k=2$ 或更高）可以由自旋算子 S 球面表示 τ_{kq}（$k=1$ 时）构造。所得到的乘积算子一般是可约的，即它们的变换性质（例如在转动下）不简单。通过在三维空间中形成两个矢量的直积，一个有 9 个元素的（笛卡尔）张量会在转动下表现不同，即像一个标量（这个张量的迹），像一个矢量（它的分量是原始矢量分量的三个叉乘），像一个秩为 2 的张量。

可约张量可以分解成物体（张量），它们的行为仍然不同但独立，例如在转动下。更正式地说：一个可约的秩 2 笛卡尔张量 T_{ij} 可以从两个矢量 $\boldsymbol{U}$ 和 $\boldsymbol{V}$ 使用公式 $\boldsymbol{T}=\boldsymbol{U}\otimes\boldsymbol{V}$ 来产生，即 $\boldsymbol{T}_{ij}\equiv\boldsymbol{U}_i\boldsymbol{V}_j$。然而，它可以被分解（约化）成以下方式：

$$\boldsymbol{U}_i\boldsymbol{V}_j=\frac{1}{3}\boldsymbol{UV}\boldsymbol{\delta}_{ij}+\frac{1}{2}(\boldsymbol{U}_i\boldsymbol{V}_j-\boldsymbol{U}_j\boldsymbol{V}_i)+\frac{1}{2(\boldsymbol{U}_i\boldsymbol{V}_j+\boldsymbol{U}_j\boldsymbol{V}_i)}-\frac{1}{3\boldsymbol{UV}}\delta_{ij} \tag{3-82}$$

因此张量被分解成一个标量（秩 0 的张量），一个反对称张量（矢量或叉乘），它像一个矢量（秩 1 的张量）一样变换，一个 3 × 3 无迹的，秩 2 的对称张量。象征性的：

$$3\otimes3=1\oplus3\oplus5 \tag{3-83}$$

然而，这只是可约笛卡尔张量分解成球分量（具有转动性质，如 0 级、1 级、2 级的球谐波），然后，描述张量的矩阵可以沿着主对角线分解成子矩阵，这些子矩阵只根据它们的秩线性变换，而不影响其他子矩阵。这种在转动下的“纯”行为仅通过上述定义的张量分量的特殊线性组合表现出来，但也不只由它们决定。在由可约张量表示的系统的转动下，所有的分量必须进行公共变换，并且根据张量的通常变换规则——即转动函数的非线性。

特别是对于高自旋，由于这些变换性质，通常使用不可约球张量来描述极化是首选的。将此推广到任意自旋系统：它们在转动函数下线性变换，如角动量本征函数，球谐函数 $Y_l^m(\Theta,\ \Phi)=P_l^m(\Theta)\ e^{im\Phi}$。

这些张量是由自旋矢量算符（本质上是不可约的!）的特殊组合产生的，通过应用角动量算符的矢量耦合原理，使用克莱布希-戈登（Clebsch-Gordan）系数，生成具有相同变换性质的高阶算符：

$$\tau_{KQ}=\sum_{q,\ q'}(kk'qq' \mid KQ)\tau_{kq}\tau_{k'q'} \tag{3-84}$$

高自旋系统的密度矩阵可以扩展成这样一套完整的基矩阵——就像自旋 1/2 系统一样。我们将 K 阶不可约张量在球坐标表示（简称“球张量”）中定义为“球基”。它们至少满足一个条件：在空间转动条件下，τ_{KQ} 必须像 K 阶球谐和 QY_K^Q 分量一样变换。球张量，就像球谐函数一样，是不可约的，即在变换（转动）下，它们总是被变换成等秩的张量（关于旋转，请参阅第四章）：

$$\tau_{KQ'}=\sum_{Q}D_{Q'Q}^{K}(\alpha,\ \beta,\ \gamma)\tau_{KQ} \tag{3-85}$$

3.6.5 对 $S=1$ 一组球面张量构建的实例

我们选择基：

$$\boldsymbol{E}=\begin{pmatrix}1&0&0\\0&1&0\\0&0&1\end{pmatrix};$$

$$S_1=-\frac{1}{\sqrt{2}}(\boldsymbol{S}_x+i\boldsymbol{S}_y)=\begin{pmatrix}0&-1&0\\0&0&-1\\0&0&0\end{pmatrix};$$

$$S_{-1}=\frac{1}{\sqrt{2}}(\boldsymbol{S}_x-i\boldsymbol{S}_y)=\begin{pmatrix}0&0&0\\1&0&0\\0&1&0\end{pmatrix};$$

$$S_0\equiv S_z=\begin{pmatrix}1&0&0\\0&0&0\\0&0&-1\end{pmatrix} \tag{3-86}$$

这些基矩阵是非厄米矩阵：$S_{\pm1}^{\dagger}=-S_{\mp1}$ 并且：

$$\mathrm{Tr}(S_1S_1^{\dagger})=\mathrm{Tr}(S_{-1}S_{-1}^{\dagger})=\mathrm{Tr}(S_0S_0^{\dagger})=2 \tag{3-87}$$

从这 1 个 0 阶基张量，3 个 1 阶基张量和 5 个 2 阶基张量构建类似于球谐函数（定义为球张量）的过程，成立：

$$Y_K^Q = \sum_{q_1 q_2} (k_1 k_2 q_1 q_2 \mid KQ) Y_{k_1}^{q_1} Y_{k_2}^{q_2} \tag{3-88}$$

例如对于 $K=2$：

$$Y_2^Q = \sum_{q=-1}^{+1} (11qQ-q \mid 2Q) Y_1^q Y_1^{Q-q} \tag{3-89}$$

同样高阶张量算子也可以通过低阶张量算子的耦合来构建。作为 $S=1$ 的自旋算子 E、S_0 和 $S_{\pm1}$ 可以用来构建秩为 2 的缺失算子 S_{2Q}

$$S_{2Q} = \sum_{m=-1}^{1} (11mQ-m \mid 2Q) S_m S_{Q-m} \tag{3-90}$$

因此，例如（$Q=0$）：

$$\begin{aligned} S_{20} &= \sum_m (11mQ-m \mid 20) S_m S_{Q-m} = 1/\sqrt{6}(S_1 S_{-1} + S_{-1} S_1) + \sqrt{2/3} S_0^2 \\ &= 1/\sqrt{6}(S_1 S_1^{\dagger} + S_{-1} S_{-1}^{\dagger}) + \sqrt{2/3} S_0^2 \\ &= -1/\sqrt{6}(S^2 - S_0^2) + \sqrt{2/3} S_0^2 = 1/\sqrt{6}(-2 + 3S_0^2) \end{aligned} \tag{3-91}$$

（因为 S^2 与 S（$S+1$）$=2$ 对角化）。这个过程可以继续进行。只需要知道克莱布希-戈登矢量耦合系数。这样，对于 $S=1$，得到以下不可约球面张量（根据 Lakin[5] 归一化，即遵循麦迪逊约定）：

$$\tau_{00} = \boldsymbol{E} = \begin{pmatrix} 1 & 0 & 0 \\ 0 & 1 & 0 \\ 0 & 0 & 1 \end{pmatrix}$$

$$\tau_{11} = \sqrt{2/3} S_{+1} = \sqrt{2/3} \begin{pmatrix} 0 & -1 & 0 \\ 0 & 0 & -1 \\ 0 & 0 & 0 \end{pmatrix}$$

$$\tau_{1-1} = \sqrt{2/3} S_{-1} = \sqrt{2/3} \begin{pmatrix} 0 & 0 & 0 \\ 1 & 0 & 0 \\ 0 & 1 & 0 \end{pmatrix}$$

$$\tau_{10} = \sqrt{2/3} S_0 = \sqrt{2/3} \begin{pmatrix} 1 & 0 & 0 \\ 0 & 0 & 0 \\ 0 & 0 & -1 \end{pmatrix}$$

$$\tau_{22} = \sqrt{3} S_{22} = \sqrt{3} S_{+1}^2 = \sqrt{3} \begin{pmatrix} 0 & 0 & 1 \\ 0 & 0 & 0 \\ 0 & 0 & 0 \end{pmatrix}$$

$$\tau_{21}=\sqrt{3}S_{21}=\sqrt{3/2}\,(S_0S_1+S_1S_0)=\sqrt{3/2}\begin{pmatrix}0 & -1 & 0\\ 0 & 0 & 1\\ 0 & 0 & 0\end{pmatrix}$$

$$\tau_{20}=\sqrt{3}S_{20}=1/\sqrt{2}\,(3S_0^2-2)=1/\sqrt{2}\begin{pmatrix}1 & 0 & 0\\ 0 & -2 & 0\\ 0 & 0 & 1\end{pmatrix} \tag{3-92}$$

缺失的部分用

$$\tau_{K-Q}=(-)^Q\tau_{KQ}^\dagger \tag{3-93}$$

对于 $S=3/2$ 的球面张量，构建方法类似：

$$S_{3Q}=\sum_{m=-1}^{1}(21mQ-m\mid 3Q)S_{2m}S_{1,\ Q-m} \tag{3-94}$$

3.6.6 自旋张量矩

在球面表示中，定义极化的量是这些张量算子的期望值，即所谓的**自旋张量矩**

$$t_{KQ}=\langle\tau_{KQ}\rangle$$

ρ 的厄米性必然包含 t_{KQ}的厄米性，$t_{K-Q}=(-)^Q t_{KQ}^*$，在这里可以用张量矩表示密度矩阵。

3.6.7 对自旋 $S=1/2$ 的球面张量、密度矩阵和张量矩

不可约基（作为泡利算子的线性组合，自旋张量在这种情况下自动不可约）

$$\boldsymbol{\tau}_{00}=\begin{pmatrix}1 & 0\\ 0 & 1\end{pmatrix}$$

$$\boldsymbol{\tau}_{10}=\begin{pmatrix}1 & 0\\ 0 & -1\end{pmatrix}=\boldsymbol{\sigma}_z$$

$$\boldsymbol{\tau}_{11}=-\sqrt{2}\begin{pmatrix}0 & 1\\ 0 & 0\end{pmatrix}=-1/\sqrt{2}\,(\boldsymbol{\sigma}_x+i\boldsymbol{\sigma}_y)$$

$$\boldsymbol{\tau}_{1-1}=\sqrt{2}\begin{pmatrix}0 & 0\\ 1 & 0\end{pmatrix}=1/\sqrt{2}\,(\boldsymbol{\sigma}_x-i\boldsymbol{\sigma}_y) \tag{3-95}$$

密度矩阵的展开式为

$$\boldsymbol{\rho}=\frac{1}{2}\sum_{KQ}\langle\boldsymbol{\tau}_{KQ}\rangle\boldsymbol{\tau}_{KQ}^\dagger \tag{3-96}$$

同时：

$$\mathrm{Tr}\ (\tau_{KQ}\tau^{\dagger}_{K'Q'})\ =2\delta_{KQ,K'Q'} \tag{3-97}$$

因此

$$\boldsymbol{\rho}=\frac{1}{2}\begin{pmatrix}1+t_{10} & \sqrt{2}t_{1-1}\\ -\sqrt{2}t_{11} & 1-t_{10}\end{pmatrix}=\frac{1}{2}\begin{pmatrix}1+p_z & p_x-ip_y\\ p_x+ip_y & 1-p_z\end{pmatrix} \tag{3-98}$$

相比之下：

t_{00}与强度成正比

$$t_{10}=p_z \tag{3-99}$$

$$t_{1\pm1}=\mp 1/\sqrt{2}\,(p_x\pm ip_y)$$

3.6.8　对自旋 $S=1$ 的密度矩阵和张量矩

$$\boldsymbol{\rho}=\frac{1}{3}\begin{pmatrix}1+\sqrt{\frac{3}{2}}t_{10}+\frac{1}{\sqrt{2}}t_{20} & \sqrt{\frac{3}{2}}(t_{1-1}+t_{2-1}) & \sqrt{3}t_{2-2}\\ -\sqrt{\frac{3}{2}}(t_{11}+t_{21}) & 1-\sqrt{2}t_{20} & \sqrt{\frac{3}{2}}(t_{1-1}-t_{2-1})\\ \sqrt{3}t_{22} & -\sqrt{\frac{3}{2}}(t_{11}-t_{21}) & 1-\sqrt{\frac{3}{2}}t_{10}+\frac{1}{\sqrt{2}}t_{20}\end{pmatrix} \tag{3-100}$$

与式（3-40）和式（3-69）比较，得到了 t_{kq}、波函数振幅和笛卡尔张量分量之间的联系：秩 $k=0$ 的张量矩与强度成比例（一个标量，在转动下不变）：

$$t_{00}=1=\overline{|a|^2}+\overline{|b|^2}+\overline{|c|^2} \tag{3-101}$$

秩 $k=1$ 的张量矩描述矢量极化（三个分量，矢量的变换性质）：

$$t_{1\pm1}=-\sqrt{3/2}\,(\overline{ba^*}+\overline{cb^*})\mp\sqrt{3}/2(p_x\pm ip_y)$$

$$t_{10}=\sqrt{3/2}\,(\overline{|a|^2}-\overline{|c|^2})=\sqrt{3/2}\,p_z \tag{3-102}$$

$k=2$ 阶张量矩描述张量极化（8 个独立分量，二级张量的变换性质）：

$$t_{20}=1/\sqrt{2}\,(\overline{|a|^2}+\overline{|c|^2}-2\,\overline{|b|^2})=1/\sqrt{2}\,(1-3\,\overline{|b|^2})=1/\sqrt{2}\,p_{zz}$$

$$t_{2\pm1}=\sqrt{3/2}\ \ (\overline{cb^*}-\overline{ba^*})\ \ =\mp1/\sqrt{3}\,(p_{xz}\pm ip_{yz})$$

$$t_{2\pm2}=\sqrt{3}\,\overline{ca^*}=1/\ (2\sqrt{3})\ \ (p_{xx}-p_{yy}\pm2ip_{xy}) \tag{3-103}$$

相反：

$$p_x=-1/\sqrt{3}\,(t_{11}-t_{1-1})$$

$$p_y=i/\sqrt{3}\,(t_{11}+t_{1-1})$$

$$
\begin{aligned}
p_z &= \sqrt{2/3}\,t_{10} \\
p_{xx} &= \sqrt{3}/2(t_{22}+t_{2-2})-1/\sqrt{2}\,t_{20} \\
p_{yy} &= -\sqrt{3}/2(t_{22}+t_{2-2})-1/\sqrt{2}\,t_{20} \\
p_{zz} &= \sqrt{2}\,t_{20} \\
p_{xy} &= p_{yx} = -i\sqrt{3}/2(t_{22}-t_{2-2}) \\
p_{xz} &= p_{zx} = -\sqrt{3}/2(t_{21}-t_{2-1}) \\
p_{yz} &= p_{zy} = i\sqrt{3}/2(t_{21}+t_{2-1})
\end{aligned}
\tag{3-104}
$$

对于核反应的分析本领，同样的关系适用（上面事例变量 T_{kq} 和 A_i 或 A_{ik}）。

类似于物理中动量的其他展开式（例如质量分布（→转动惯量等）、电荷的多极展开式或电流分布等），张量矩展开式系数具有几何解释。在球坐标表示中，其中角依赖是球谐函数 $Y_l^m(\Theta,\ \Phi)$，这可以可视化，见文献［6］，张量矩的秩≥2。各向异性，由系综的极化产生（非极化系综没有优选方向，用球体表示），用长度半径矢量描述的超曲面来表示

$$
R^{(k)}(\Theta,\ \Phi) = R_0\left[1+\sum_q t_{kq}Y_k^{q\,*}(\Theta,\ \Phi)\right]
\tag{3-105}
$$

对于张量极化自旋为 1 的粒子（秩 $k=2$），例如，一个分量 $q=0$，这被简化为

$$
\begin{aligned}
R^{(2)}(\Theta,\ \Phi=0) &= R_0[1+t_{20}Y_2^q(\Theta,\ \Phi=0)] \\
&= R_0\left[1+t_{20}\sqrt{\frac{5}{4\pi}}P_2(\cos\Theta)\right]
\end{aligned}
\tag{3-106}
$$

图 3-6 给出了在 $t_{20}=+1/\sqrt{2}$ 和 $-\sqrt{2}$ 两种极限情况下，z 方向完全极化的系综的纯张量极化分量 t_{20} 产生的空间各向异性。半径矢量 $\boldsymbol{R}$ 的长度是在相应方向上测量张量极化分量的概率的度量，或者用不同的方式表示：在这个极化状态的转动下，张量极化分析仪将测量这个角分布。矢量极化（秩 1 张量）的行为与经典矢量相似，完全由它的三个分量描述。它指向一个明确的方向，其特征是一个符号——不同于张量极化，相对于一个轴它只有一个各向异性自旋分布的方向（“顺排”）。

3.6.9 更高自旋粒子的极化

$S=3/2$ 的粒子（^{7}Li，^{23}Na）已经极化（见 8.4.2 节）的事实要求对张量矩进行适当的描述。这个事例已经在文献［6］中讨论过了，所以不会在这里详细说明。很显然，必须考虑到 3 阶以上的张量矩。它们必须由 $S=3/2$ 的自旋算子构

建——类似于自旋 1/2 和自旋 3/2 的情况（见式（3-57）、式（3-95）和式（3-86））——可以从低自旋算子的收缩导出，并考虑到球张量的交换关系和变换性质以及归一化条件。注意，在下面的方程中，球张量矩是由自旋为 1 的笛卡尔

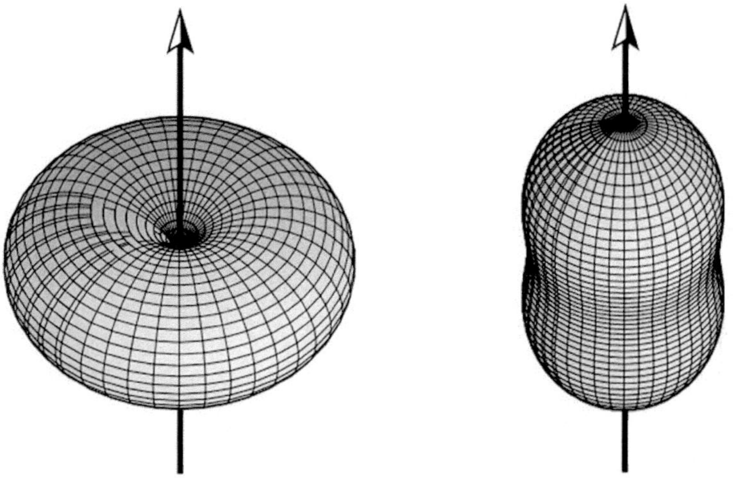

图 3-6 图示的各向异性自旋 1 系综的自旋（张量）在 z 方向极化完全负极化张量（对应于相对占据数 $N_0=1$，$N_+=N_-=0$）（左）和正极化张量（对应相对的占据数 $N_+=1$，$N_0=N_-=0$ 或 $N_-=1$，$N_0=N_+=0$）（右）。

张量的球组合表示的：

$$t_{30}=\frac{1}{6\sqrt{5}}\langle 20S_z^3-41S_z\rangle$$

$$t_{3\pm1}=\mp\frac{1}{24\sqrt{15}}\langle(60S_z^2-51)(S_x\pm iS_y)+(S_x\pm iS_y)(60S_z^2-51)\rangle$$

$$t_{3\pm2}=\frac{1}{\sqrt{6}}\langle S_z(S_x\pm iS_y)^2+(S_x\pm iS_y)^2S_z\rangle$$

$$t_{3\pm3}=\mp\frac{1}{3}\langle(S_x\pm iS_y)^3 \tag{3-107}$$

虽然自旋 >1 在麦迪逊定理中没有被考虑，但它的应用，例如关于坐标系的应用是直接的。显然，对于更高的自旋，笛卡尔符号变得不实用，应该使用球张量矩（文献［6］中的术语“效率张量（矩）”应该被“分析本领”取代）。

参考文献

[1] Fano, U. : Rev. Mod. Phys.29, 74(1957)

[2] Feynman, R. P. : Statistical Mechanics, pp.39. Benjamin, Reading, MA (1972)

[3] Fano, U. : Phys. Rev.90, 577(1953)

[4] Ohlsen, G. G. : Rep. Progr. Phys.35, 717(1972)

[5] Lakin, W. : Phys. Rev.98, 139(1958)

[6] Darden, S. E. : In:[7] p.39(1971)

[7] Barschall, H. H. , Haeberli, W. (eds.): Proceedings of 3rd International Symposium on Polarization Phenomena in Nuclear Reactions. Madison 1970, University of Wisconsin Press(1971)

第四章

张量矩的转动和角度依赖性

4.1 概述

能够描述转动坐标系中的极化可观测性是很重要的。典型的应用有：磁场中的自旋进动、光学元件对极化粒子束的偏转、核反应、双散射和极化转移。从密度矩阵 ρ 的转动开始。

一个提醒：在量子力学中，系统的有限转动由转动算子来描述，这些转动算子是无穷小转动（线性转动!）的积分。例如：围绕 z 轴的角度 α 的有限转动的转动算子的形式（S 的分量以 $\hbar$ 单位（即 $\hbar \equiv 1$））：

$$\boldsymbol{D}(\alpha) = \mathrm{e}^{-i\alpha S_z} \tag{4-1}$$

4.2 转动算子对转动的描述

最一般的转动是由欧拉角的三个转动组成的（注意! 有几个惯例，遵循 Condon/Shortley[1]，Rose[2]和 Brink/Satchler[3]）：绕 z 轴、新 y 轴和新 z 轴的一系列右旋转动。这相当于围绕各自的旧 z 轴、y 轴和 x 轴的一系列转动。此外，必须区分系统在固定坐标系中的“主动”转动和坐标系的“被动”转动。对转动函数、角动量耦合系数、不可约性等的约定和不同定义的非常全面和有用的讨论，可以在 0 中找到，尤其是在表 3-1、4-1、4-2 和 5-1 中，这里使用的转动运算子的定义是：

$$\begin{aligned} D(\alpha\beta\gamma) &= \mathrm{e}^{-i\gamma S_z'}\mathrm{e}^{-i\beta S_y''}\mathrm{e}^{-i\alpha S_z} \\ &= \mathrm{e}^{-i\alpha S_z'}\mathrm{e}^{-i\beta S_y}\mathrm{e}^{-i\gamma S_z} = \mathrm{e}^{-i\beta S_y}\mathrm{e}^{-i(\alpha+\gamma)S_z} \end{aligned} \tag{4-2}$$

它们具有矩阵元素：

$$\langle IM' \mid \boldsymbol{D}(\alpha\beta\gamma) \mid IM\rangle = D^I_{MM'}(\alpha\beta\gamma) \tag{4-3}$$

以及

$$\langle IM' \mid \boldsymbol{D}^\dagger(\alpha\beta\gamma) \mid IM\rangle = D^{I\,*}_{MM'}(\alpha\beta\gamma) \tag{4-4}$$

$\boldsymbol{D}$ 是单一的，即

$$\boldsymbol{D}^\dagger(\alpha\beta\gamma) = \boldsymbol{D}^{-1}(\alpha\beta\gamma) = \boldsymbol{D}(-\alpha, -\beta, -\gamma) \tag{4-5}$$

即

$$\boldsymbol{D}^I_{MM'}(\alpha\beta\gamma) = \boldsymbol{D}^I_{M'M}(-\gamma, -\beta, -\alpha) \tag{4-6}$$

和

$$\sum_{M'} \boldsymbol{D}^{I\,*}_{M'N} \boldsymbol{D}^I_{M'M} = \delta_{MN} \tag{4-7}$$

对于结果（依次转动两次）：

$$\boldsymbol{D}^L_{MM'} = \sum_{m_1m_1'm_2m_2'} \boldsymbol{D}^{j_1}_{m_1m_1'} \boldsymbol{D}^{j_2}_{m_2m_2'} (j_1j_2m_1m_2 \mid LM)(j_1j_2m_1'm_2' \mid LM') \tag{4-8}$$

（符号 $(j_1j_2m_1m_2 \mid LM)$ 表示克莱布希–戈登（Clebsch-Gordan）（矢量耦合）系数。）

通常选择 $\boldsymbol{S}_z$ 的特征函数作为基矢量 $\boldsymbol{D}$ 时，简化为

$$\boldsymbol{D}^I_{MN}(\alpha\beta\gamma) = \mathrm{e}^{-i(\alpha M+\gamma N)} \langle IM \mid \mathrm{e}^{-i\beta S_y} \mid IN\rangle \tag{4-9}$$

第一个因子是相位因子，第二个因子是简化转动函数 $d^I_{MN}(\beta)$ 的矩阵元素。0 将 d^k_{mn} 定义为

$$d^k_{mn} = \sum_t (-)^t \frac{[(k+m)!\,(k-m)!\,(k+n)!\,(k-n)!\,]^{1/2}}{(k+m-t)!\,(k-n-t)!\,t!\,(t+n-m)!} \times \left(\cos\frac{\beta}{2}\right)^{2k+m-n-2t} \left(\sin\frac{\beta}{2}\right)^{2t+n-m} \tag{4-10}$$

总和超过所有 t 导致非负因式分解。对于 M 或 $N=0$，D 通过以下方式变成球谐函数：

$$D^I_{M0}(\beta\alpha) = \left(\frac{4\pi}{2I+1}\right)^{1/2} Y^M_I(\beta, \alpha) = \left(\frac{4\pi}{2I+1}\right)^{1/2} Y^{-M}_I(\beta, \alpha) \tag{4-11}$$

以及

$$D^I_{00}(\beta) = P_I(\cos\beta) \text{（勒让德（Legendre）多项式）} \tag{4-12}$$

例如 $S=\frac{1}{2}$，$S_y=\frac{1}{2\sigma_y}$：

$$\mathrm{e}^{-i\beta S_y} = \mathrm{e}^{-i\beta\sigma_y/2} = \cos\frac{\beta}{2} - i\sigma_y \sin\frac{\beta}{2} \tag{4-13}$$

此处简化转动函数的结果是围绕 y 轴转动：

$$d_{mm'}^{1/2}=\begin{pmatrix}\cos\dfrac{\beta}{2} & -\sin\dfrac{\beta}{2}\\ \sin\dfrac{\beta}{2} & \cos\dfrac{\beta}{2}\end{pmatrix} \tag{4-14}$$

4.3　密度矩阵和张量矩的转动

这允许在转动系统中描述密度矩阵，或者——等效地——在旧坐标系中描述转动的密度矩阵。例如，转动相对于 z 轴呈对角化的密度矩阵：

$$\rho'=d_{mm'}^{1/2}\ (\beta)\ \frac{1}{2}\begin{pmatrix}1+p & 0\\ 0 & 1-p\end{pmatrix}d_{mm'}^{1/2\dagger}\ (\beta)$$

$$=d_{mm'}^{1/2}\ (\beta)\ \frac{1}{2}\begin{pmatrix}1+p & 0\\ 0 & 1-p\end{pmatrix}d_{mm'}^{1/2T}\ (\beta) \tag{4-15}$$

极化方向完全由两个参数 β，φ 决定。β 是极角（相对于 z 轴），φ 方位角等于（$\boldsymbol{S}$，z）平面相对于任意定义的 x 轴的角度（其中 x，y，z 形成右手系）。因此，在转动函数 $\boldsymbol{D}$ 中，只有两个角度参数与物理相关：

$$D_{MM'}^{I}(\alpha,\ -\tilde{\beta}_{\text{Euler}},\ -\gamma-\pi/2)\equiv D_{MM'}^{I}(0,\ \beta_{\text{polar}},\ \phi_{\text{azimut}}) \tag{4-16}$$

在转动作用下，张量矩的变换比密度矩阵更简单。球张量被定义，比如在球谐波这样的转动下变换：

$$t_{kq}=\sum_{q'}D_{q'q}^{k}(\alpha\beta\tilde{\gamma})\,t_{kq'}=\hat{t}_{k0}D_{0q}^{k}(\beta,\ \phi) \tag{4-17}$$

在这里，$\hat{t}_{k0}$表示 ρ 也是对角化的最大分量，即 z 轴是量化轴。因此，自旋 $S=1$（$S=1/2$ 是微不足道的）的单一分量是：

$$t_{10}=\hat{t}_{10}\cos\beta$$

$$t_{1\pm1}=\mp i\hat{t}_{10}\frac{1}{\sqrt{2}}\sin\beta e^{i\phi}$$

$$t_{20}=\hat{t}_{20}\frac{1}{2}(3\cos^2\beta-1)$$

$$t_{21}=-i\hat{t}_{20}\sqrt{\frac{3}{2}}\sin\beta\cos\beta e^{i\phi}$$

$$t_{22}=-\hat{t}_{20}\sqrt{\frac{3}{8}}\sin^2\beta e^{2i\phi} \tag{4-18}$$

对于笛卡尔张量，相应的变换是与球面张量连接的结果。p_{zz}的例子：$p_{zz}=p_{zz}^{*}P_2$

$(\cos\beta)$，其中 p^* 和 p_{zz}^* 是 z 方向上 S 的矢量和张量极化的笛卡尔最大分量。因此：

$$p_x = p^* \cdot P_1^1(\cos\beta)\cos\phi = p^* \cdot \sin\beta\cos\phi$$
$$p_y = p^* \cdot P_1^1(\cos\beta)\sin\phi = p^* \cdot \sin\beta\sin\phi$$
$$p_z = p^* \cdot P_1(\cos\beta) = p^* \cdot \cos\beta$$
$$p_{zz} = p_{zz}^* \cdot P_2(\cos\beta) = p_{zz}^* \cdot \frac{1}{2}(3\cos^2\beta - 1)$$
$$p_{xx} = p_{zz}^* \cdot \frac{1}{2}[P_2^2(\cos\beta)\cos^2\phi - 1]$$
$$p_{yy} = p_{zz}^* \cdot \frac{1}{2}[P_2^2(\cos\beta)\sin^2\phi - 1]$$
$$p_{xx} - p_{yy} = p_{zz}^* \cdot \frac{1}{2}P_2^2(\cos\beta)\cos 2\phi$$
$$= p_{zz}^* \cdot \left(-\frac{3}{2}\right)\sin 2\beta\cos 2\phi$$
$$p_{xy} = p_{zz}^* \cdot P_2^2(\cos\beta)\sin 2\phi$$
$$p_{yz} = p_{zz}^* \cdot \frac{1}{2}P_2^1(\cos\beta)\sin\phi$$
$$p_{xz} = p_{zz}^* \cdot \frac{1}{2}P_2^1(\cos\beta)\cos\phi = p_{zz}^* \cdot \left(-\frac{3}{4}\right)\sin 2\beta\cos\phi \tag{4-19}$$

实验上有趣的特例有：

$[\beta=0]^\circ$：only p_z，$p_{zz}\neq 0$

$[\beta=54.7]^\circ$：$p_{zz}=0$

$[\beta=90]^\circ$ *and* e. g. $[\phi=90]^\circ$：

$$p_{zz} = -\frac{1}{2}p_{zz}^*$$
$$p_{xx} - p_{yy} = \frac{3}{2}p_{zz}^*$$
$$p_y = p^*$$
$$\text{and } p_x = p_z = p_{xz} = p_{yz} = p_{xy} = 0.$$

4.4 转动的实现

实际上，量化轴的转动是利用自旋在合适磁场中的拉莫尔（Larmor）进动来实现的。只有垂直于转动矢量的分量会受到影响。对于带电粒子，束流的偏转与自旋进动耦合（例如，在偶极和四极磁铁等中），平行于磁场的分量保持不变。

在维恩（Wien）滤波器中，磁偏转由垂直于磁场和粒子的速度矢量的电场来补偿。对于均匀场，当粒子的速度为 $v = E/B$ 时（以米・千克・秒・安（MKSA）单位制），维恩（Wien）滤波器是"直视"的。利用可绕束流轴转动的维恩（Wien）滤波器，可以实现空间中的任何自旋方向（见第 8.6 节）。

4.5　坐标系

在核反应中，出射束流一般会相对入射束流转动散射角 Θ，Φ。入射和出射道中的张量力矩可以用不同的方式来描述，非常常见的是螺旋形式的描述，其中每个粒子分别相对于其运动方向 $\boldsymbol{k}_{\text{in}}$ 和 $\boldsymbol{k}_{\text{out}}$ 进行描述，作为其正 z 轴。正 y 轴遵循约定：

$$\hat{y} = \frac{\boldsymbol{k}_{\text{in}} \times \boldsymbol{k}_{\text{out}}}{|\boldsymbol{k}_{\text{in}} \times \boldsymbol{k}_{\text{out}}|} \tag{4-20}$$

而 x 轴是需要右手系来确定的。在从入射道到出射道的过程中，可以选择在实验室或相对质心系统中定义的角度的转动，本约定是麦迪逊（Madison）定理 0，并隐含巴塞尔（Basel）定理 0，见第 5.4. 节。

参考文献

[1] Condon, E. U. , Shortley, G. H. : The Theory of Atomic Spectra. Cambridge University Press, Cambridge(1967)

[2] Rose, M. E. : Elementary Theory of Angular Momentum. Wiley, New York(1957)

[3] Brink, D. M. , Satchler, G. R. : Angular Momentum. Oxford University Press, Oxford(1971)

[4] Chaichian, M. , Hagedorn, R. : Symmetries in Quantum Mechanics—From Angular Momentum to Supersymmetry, Graduate Student Series in Physics. Institute of Physics Publishing, Bristol(1998)

[5] Barschall, H. H. , Haeberli, W. (eds.): Proceedings of the 3rd International Symposium on Polarization Phenomena in Nuclear Reactions, Madison 1970. Uni-

versity of Wisconsin Press, Madison(1971)
[6] Huber, P., Meyer, K. P. (eds.): Proceedings of the International Symposium on Polarization Phenomena of Nucleons, Basel 1960. Helv. Phys. Acta Suppl. VI. Birkhäuser, Basel(1961)

第五章

自旋粒子核反应的描述

5.1 概述

对于无自旋粒子的核反应（这是课程和教科书中通常处理的唯一情况和最简单的情况），入射态和出射态之间的散射振幅是描述两粒子核反应 a+A→b+B（或 A（a，b）B）的有用工具。然而，这些状态是入射道和出射道中的自旋基态，导致了以下情况：

（1）散射振幅将成为散射矩阵。

（2）取决于哪个量子数是守恒的（取决于物理系统的对称性）角动量耦合必须执行。例如，入射粒子 s_a 的自旋 s_A 与入射道自旋 S 耦合，这反过来又与入射道轨道角动量 $\boldsymbol{l}$ 耦合，产生（守恒的）总角动量 $\boldsymbol{J}$，类似地，出射道（′）：

$$\boldsymbol{S}(s_a+s_A)+\boldsymbol{l}\to\boldsymbol{J}\to\boldsymbol{S}'(s_b+s_B)+\boldsymbol{l}' \tag{5-1}$$

应用拉卡（Racah）代数（6j，9j 符号或魏格纳（Wigner）的 W 或 Z 系数）的形式是有用的，其中关于磁量子数[1]的求和已经完成，它们有相对简单的对称性求和规则。

（3）在两粒子反应中，入射道和出射道可能包含最多两个自旋粒子。入射道和出射道自旋状态的描述发生在自旋状态$(2s_a+1)(2s_A+1)$和$(2s_b+1)(2s_B+1)$两个粒子自旋空间维度的直接乘积中。相应的密度矩阵也是两个子密度矩阵的乘积，同样地，它们也可以展开成笛卡尔或球面自旋张量。由于入射道中束流的自旋态与靶的自旋态之间通常不存在相关性，因此可以分解入射道的密度矩阵以及相应的自旋张量。然而，这并不适用于出射道。

5.2 $\boldsymbol{M}$ 矩阵

散射振幅的泛化是传递矩阵或 $\boldsymbol{M}$ 矩阵。它是将入射道密度矩阵转换为出射道密度矩阵的矩阵。正式地

$$\rho_{fin}=\boldsymbol{M}\rho_{\mathrm{in}}\boldsymbol{M}^{\dagger} \tag{5-2}$$

ρ_{in} 和 ρ_{fin} 分别是入射道和出射道两个粒子的直积密度矩阵：

$$\rho_{\mathrm{in}}=\rho_{\mathrm{a}}(s_{\mathrm{a}})\otimes\rho_{\mathrm{A}}(s_{\mathrm{A}}) \text{ 和 } \rho_{fin}=\rho_{\mathrm{b}}(s_{\mathrm{b}})\otimes\rho_{\mathrm{B}}(s_{\mathrm{B}}) \tag{5-3}$$

这在原则上允许对一个核反应进行完整的描述，更精确地描述其观测值，这些观测值被定义为某些（自旋）算子的期望值。

（1）除积分（总）截面外，最简单的可观测截面是非极化的微分截面，在该截面中，束流和靶是非极化和无极化的，但只在出射道中测量强度，定义为与单位算子（“强度”）的归一化期望值成正比：

$$W=\mathrm{Tr}(\rho_{fin}\boldsymbol{E})=\mathrm{Tr}(\boldsymbol{M}\rho_{\mathrm{in}}\boldsymbol{M}^{\dagger}\boldsymbol{E}) \tag{5-4}$$

同时

$$\rho_{\mathrm{in}}=\rho_{\mathrm{a}}(s_{\mathrm{a}})\otimes\rho_{\mathrm{A}}(s_{\mathrm{A}})=\frac{1}{2s_{\mathrm{a}}+1}\boldsymbol{E}(s_{\mathrm{a}})\times\frac{1}{2s_{\mathrm{A}}+1}\boldsymbol{E}(s_{\mathrm{A}}) \tag{5-5}$$

[这是一个 $(2s_{\mathrm{a}}+1)(2s_{\mathrm{A}}+1)\times(2s_{\mathrm{a}}+1)(2s_{\mathrm{A}}+1)$ 矩阵] 得到

$$\rho_{fin}=\frac{1}{(2s_{\mathrm{a}}+1)(2s_{\mathrm{A}}+1)}\boldsymbol{M}\boldsymbol{M}^{\dagger} \tag{5-6}$$

这就产生了通常意义上的截面——“非极化”截面，如果你应用它的“通常”定义（“出射粒子束流以 Θ 角度进入立体角单元 $\mathrm{d}\Omega$，除以入射粒子束流密度”）和正确的相空间因子（最终态密度，费米（Fermi）的“黄金法则”）

$$(\mathrm{d}\sigma/\mathrm{d}\Omega)_0=\frac{1}{(2s_{\mathrm{a}}+1)(2s_{\mathrm{A}}+1)}\frac{k_{fin}}{k_{\mathrm{in}}}\mathrm{Tr}(\boldsymbol{M}\boldsymbol{M}^{\dagger}) \tag{5-7}$$

（2）当入射束流被极化时，测量出射道内的靶非极化、无极化，并将密度矩阵展开成具有特殊变换性质的笛卡尔张量或球张量，则 ρ_{in} 可表示为笛卡尔坐标：

$$\rho_{\mathrm{in}}=\frac{1}{(2s_{\mathrm{a}}+1)(2s_{\mathrm{A}}+1)}\sum_i\overbrace{\langle\sigma_i\rangle}^{p_i}(\sigma_i\otimes\boldsymbol{E}(s_{\mathrm{A}})) \tag{5-8}$$

截面：

$$\mathrm{d}\sigma/\mathrm{d}\Omega=\frac{1}{(2s_{\mathrm{a}}+1)(2s_{\mathrm{A}}+1)}\frac{\boldsymbol{k}_{fin}}{\boldsymbol{k}_{\mathrm{in}}}\sum_i p_i\mathrm{Tr}(\boldsymbol{M}\sigma_i\boldsymbol{M}^{\dagger})$$

$$=\frac{1}{(2s_{\mathrm{a}}+1)(2s_{\mathrm{A}}+1)}\frac{k_{fin}}{k_{\mathrm{in}}}\left[\mathrm{Tr}(\boldsymbol{M}\boldsymbol{M}^{\dagger})+\sum_i p_i\mathrm{Tr}(\boldsymbol{M}\sigma_i\boldsymbol{M}^{\dagger})\right]$$

$$=(\mathrm{d}\sigma/\mathrm{d}\Omega)_0\left[1+\sum_i p_i\frac{\mathrm{Tr}(\boldsymbol{M}\sigma_i\boldsymbol{M}^{\dagger})}{\mathrm{Tr}(\boldsymbol{M}\boldsymbol{M}^{\dagger})}\right] \tag{5-9}$$

$A_i=\frac{\mathrm{Tr}(\boldsymbol{M}\sigma_i\boldsymbol{M}^{\dagger})}{\mathrm{Tr}(\boldsymbol{M}\boldsymbol{M}^{\dagger})}$是分析本领，它测量了反应是如何受粒子束流极化率 p_i 的各个单一组分的影响。角标 i 的一般含义：$s_{\mathrm{a}}=1/2$ 时，粒子束流最多只能是矢量极化（秩 1），i 的取值范围分别为 1~3 或 x，y，z。对于自旋为 1 的粒子，i 表示矢量极化和秩 2 张量极化的分量［笛卡尔情况下，i 表示 x，y，z 和（jk）与 j，$k=x$，y，z 的组合］。因此这些是矢量和张量分析本领的分量。

（3）当测量出射粒子（如出射物 b）的极化程度时，入射束流是非极化的，定义为

$$\boldsymbol{p}'=\frac{\mathrm{Tr}(\boldsymbol{\sigma}\rho_{fin})}{\mathrm{Tr}(\rho_{fin})}=\frac{\mathrm{Tr}(\boldsymbol{\sigma}\boldsymbol{M}\rho_{in}\boldsymbol{M}^{\dagger})}{\mathrm{Tr}(\rho_{fin})}$$

$$=\frac{(2s_{\mathrm{a}}+1)(2s_{\mathrm{b}}+1)}{(2s_{\mathrm{A}}+1)(2s_{\mathrm{B}}+1)}\frac{\mathrm{Tr}(\boldsymbol{M}\boldsymbol{M}^{\dagger}\boldsymbol{\sigma})}{\mathrm{Tr}(\boldsymbol{M}\boldsymbol{M}^{\dagger})} \tag{5-10}$$

其中 $\boldsymbol{p}'$ 的变换性质是考虑自旋系统的 $\boldsymbol{\sigma}$ 分量的变换性质。如果，例如，$\boldsymbol{\sigma}$ 是自旋 1/2 泡利算子，$\boldsymbol{p}$ 将是一个具有笛卡尔分量 p_x，p_y 和 p_z 的矢量。

（4）更复杂的情况是那些，例如入射道的粒子都是极化的，或者出射道粒子（出射物和剩余核）的极化都关联测量（“自旋关联”），或者那些入射道极化对出射道极化的影响的测量（“极化转移系数”“三重散射参数”）。“三重散射”一词源于极化实验开始时为了产生极化束流需要一个初级的核反应，第二个“散射”是要研究的，第三个反应作为出射粒子极化的分析仪（见第 12 章）。随着极化离子源的出现，只需要“双重散射”。为了一致的描述，特别是对于更复杂的自旋态，球形态是最合适的。定义两粒子自旋张量为：

（1）对于入射道：$\tau_{\mathrm{kqKQ}}=\tau_{\mathrm{kq}}\tau_{\mathrm{KQ}}$，因为在这种情况下弹核和靶的极化不相关。

（2）出射道：$\tau_{\mathrm{k'q'K'Q'}}$。

小写字母表示弹核或出射粒子等。大写表示靶或反冲核。因此，可观测到的最普遍的极化取决于最多四个粒子的极化状态（或该状态被测量！），即在 8 个角标上

的球形符号：

$$\tau_{\mathrm{kqKQ}}^{\mathrm{k'q'K'Q'}} \tag{5-11}$$

5.3 极化观测量的类型

除了最一般的符号［即球形态的 kq 为弹核，KQ 为靶，k′ q′为出射粒子，K′ Q ′为反冲（剩余）核］使用螺旋坐标系中的简化萨克莱描述：X_{pqik} 中 X 定义可观察对象（例如：A 表示分析本领，C 表示相关性等）[2]。pqik 分别表示出射粒子、反冲核、弹核（束流）和靶；它们的值是：s（“边缘”），n（“正常”），l（“纵向”）为极化粒子，0 为非极化粒子。因此，可以将以下可观察对象分类（除了可观察对象的特征和名称外，还列出了反应的命名法，一个典型的笛卡尔实例和球面定义）：

（1）零自旋可观测量：非极化截面 X_{0000} 或 I_{0000}：

$$A\ (a,\ b)\ B(\mathrm{d}\sigma/\mathrm{d}\Omega)_0 \propto \mathrm{Tr}\ (\boldsymbol{M}\boldsymbol{M}^{\dagger}) \tag{5-12}$$

（2）单自旋可观测量：

——弹核分析本领，例如 A_{00i0} 或 A_y：

$$A\ (\boldsymbol{a},\ b)\ B\ T_{\mathrm{kq}} \propto \frac{\mathrm{Tr}\ (\boldsymbol{M}\tau_{kq}\boldsymbol{M}^{\dagger})}{\mathrm{Tr}\ (\boldsymbol{M}\boldsymbol{M}^{\dagger})} \tag{5-13}$$

——靶分析本领，例如 A_{000k} 或 A_y：

$$\boldsymbol{A}\ (a,\ b)\ B\ T_{\mathrm{KQ}} \propto \frac{\mathrm{Tr}\ (\boldsymbol{M}\tau_{KQ}\boldsymbol{M}^{\dagger})}{\mathrm{Tr}\ (\boldsymbol{M}\boldsymbol{M}^{\dagger})} \tag{5-14}$$

——出射极化，例如 P_{p00i} 或 $p_{y'}$：

$$A\ (a,\ \boldsymbol{b})\ B\ t_{\mathrm{k'q'}} \propto \frac{\mathrm{Tr}\ (\boldsymbol{M}\boldsymbol{M}^{\dagger}\tau_{\mathrm{k'q'}})}{\mathrm{Tr}\ (\boldsymbol{M}\boldsymbol{M}^{\dagger})} \tag{5-15}$$

——类似地对于反冲核，例如 P_{0q00}：

$$A\ (a,\ b)\ \boldsymbol{B}\ t_{\mathrm{K'Q'}} \propto \frac{\mathrm{Tr}\ (\boldsymbol{M}\boldsymbol{M}^{\dagger}\tau_{\mathrm{K'Q'}})}{\mathrm{Tr}\ (\boldsymbol{M}\boldsymbol{M}^{\dagger})} \tag{5-16}$$

（3）双自旋可观测量

——极化传递系数（在神经网络相互作用的情况下，它们也被指定为“Wolfenstein 参数”，$A\ (=K_z^{x'})$，$A'\ (=K_z^{z'})$，$R\ (=K_x^{x'})$，$R'\ (=K_x^{z'})$，$D\ (=K_y^{y'})$）。符号：D_{p0i0}，如笛卡尔 $K_y^{y'}$，或球形：如 $t_{\mathrm{kq}}^{\mathrm{k'q'}}$。具含义为弹核极化向出射粒子极化的转移，如式（5-17）：

$$A\ (\boldsymbol{a},\ \boldsymbol{b})\ B\ t_{\mathrm{kq}}^{\mathrm{k'q'}} \propto \frac{\mathrm{Tr}\ (\tau_{\mathrm{k'q'}},\ \boldsymbol{M}\tau_{\mathrm{kq}}M^{\dagger})}{\mathrm{Tr}\ (\boldsymbol{MM}^{\dagger})} \tag{5-17}$$

——自旋相关系数：无论是在入射道还是出射道的相关（在第一种情况下，束流和靶的极化当然是不相关的，在后一种情况下，它们是由核反应相关的，因此必须在关联事件中测量），自旋张量是两个粒子张量的直接乘积，作用于 $(2s_{\mathrm{a}}+1)(2s_{\mathrm{A}}+1)$ 维自旋空间的入射道。注意：在 NN 相互作用的情况下，例如 A_{00nn}，笛卡尔的 A_{mn} 中 m，$n=x$，y，z（不要与张量分析量 A_{ik} 混淆）意味着束流和靶在 y（=法线）方向上的入射道相关，或 $C_{ik,lm}$；更一般的球形表示法 $t_{tk\mathrm{KQ}}=t_{\mathrm{kqKQ}}^{0000}$ 和 $t^{\mathrm{k'q'K'Q'}}=t_{0000}^{\mathrm{k'q'K'Q'}}$，可以分别使用。入射道相关性：

$$\boldsymbol{A}\ (\boldsymbol{a},\ b)\ B\ t_{tq}t_{\mathrm{KQ}} \propto \frac{\mathrm{Tr}\ (\boldsymbol{M}\tau_{\mathrm{kqKQ}}\boldsymbol{M}^{\dagger})}{\mathrm{Tr}\ (\boldsymbol{MM}^{\dagger})} \tag{5-18}$$

其中输入张量矩是因子分解的并且对于出射道（带有相关的输出张量矩）是类似的。

（4）三和四自旋可观测量：类似的表达式适用于“普适分析本领” $t_{\mathrm{qkQK}}^{\mathrm{q'k'Q'K'}}$，使用更一般的球面（或笛卡尔）张量 $\boldsymbol{\tau}_{\mathrm{kqKQ}}^{k'q'K'Q'}$。

5.4　坐标系

极化张量（张量矩）和合适的坐标系的表示法在两个国际惯例中被强烈推荐：

（1）1960 年签署的《巴塞尔公约》（Basel Convention）[3] 规定，在具有 1/2 自旋粒子的原子核反应中，极化应在 $\boldsymbol{k}_{\mathrm{in}}\times\boldsymbol{k}_{\mathrm{out}}$ 方向为正。假设一个正的分析量，这个正极化产生一个正的左右不对称（L-R）。

（2）麦迪逊定理[4,5] 涉及自旋 1 粒子。假设一个右手坐标系，z 方向为入射或出射粒子的动量方向，y 方向沿 $\boldsymbol{k}_{\mathrm{in}}\times\boldsymbol{k}_{\mathrm{out}}$ 方向。允许直角和球面自旋张量和相应的张量矩，极化分量分别由 p_i，p_{ij}（直角）或 t_{kq}（球面）给出，分别为分析量 A_i，A_{ij}；i，$j=x$，y，z（直角）或 T_{kq}。扩展到更高的自旋是直接的，这导致笛卡尔符号越来越多的数量标。

这种惯例的一个结果是，当使用多个探测器时，每个探测器都得到自己的坐标系统 $\hat{y}$ 垂直于各自的散射面。图 5-1 显示了有极化粒子的一个系统的情况。

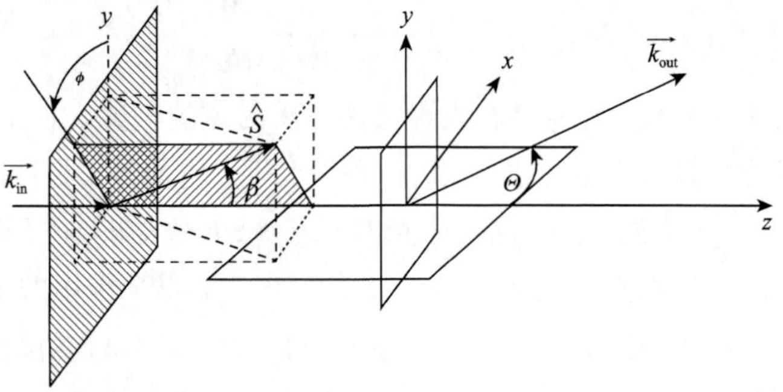

图 5-1　描述入射极化的坐标系以及 x 沿_ x0007_ $\boldsymbol{y}\times\boldsymbol{k}_{in}$，$y$ 沿 $\boldsymbol{k}_{in}\times\boldsymbol{k}_{out}$，$z$ 沿 $\boldsymbol{k}_{in}$ 的 y 轴构建

5.4.1　分析本领坐标系

虽然要测量的（自旋）观测量仅依赖于极角 Θ，但包括这些观测在内的截面通常表现出与方位角 φ 的依赖关系。这种依赖由于需要引入坐标系统，其中探测器的位置和极化方向都必须被描述。而对于矢量极化，由此产生的方位角复杂度是一个简单的 $\sin\varphi$ 或 $\cos\varphi$ 依赖关系，例如，对于具有麦迪逊定理和宇称守恒的 1/2 自旋：

$$\frac{d\sigma}{d\Omega}(\Theta,\ \phi)=\left(\frac{d\sigma}{d\Omega}\right)_0(\Theta)\left[1+\frac{1}{2}p_yA_y(\Theta)\right]=\left(\frac{d\sigma}{d\Omega}\right)_0\left[1+\frac{1}{2}p_zA_y(\Theta)\ \sin\beta\cos\phi\right] \tag{5-19}$$

对于高自旋和其他类型的观测量，描述就更加复杂。作为一个例子，将讨论非极化靶上的极化自旋 1 弹核，例如氘核。将笛卡尔符号的展开式（5-9）写出来，考虑奇偶守恒，如下所述，我们得到（截面和分析本领只依赖于 Θ 和能量）

$$\frac{d\sigma}{d\Omega}=\left(\frac{d\sigma}{d\Omega}\right)_0\left[1+\frac{3}{2}p_yA_y+\frac{1}{2}p_{zz}A_{zz}+\frac{2}{3}p_{xz}A_{xz}+\frac{1}{6}(p_{xx}-p_{yy})(A_{xx}-A_{yy})\right] \tag{5-20}$$

引入量化（自旋对称）轴（麦迪逊定理[6]，也见图 5-1）的 β 和 φ 依赖关系和奇偶守恒后，我们得到：

$$\frac{d\sigma}{d\Omega}=\left(\frac{d\sigma}{d\Omega}\right)_0\left\{1+\frac{3}{2}p_zA_y\sin\beta\cos\phi+\right.$$
$$\left.p_{ZZ}\left[\frac{1}{4}A_{zz}(3\cos^2\beta-1)-A_{xz}\sin\beta\cos\beta\sin\phi-\frac{1}{4}(A_{xx}-A_{yy})\sin^2\beta\cos2\phi\right]\right\} \tag{5-21}$$

其中，p_z 和 p_{ZZ}（通常是 p_Z^* 或 p^* 和 p_{zz}^*，也有 $\hat{p}_Z$ 和 $\hat{p}_{ZZ}$，式（5-22）为自旋关联）是各自独立的最大值沿量化（对称）轴的极化，如束流的极化来自极化离子源或靶。可以看出，探测器的最大方位度 $\propto \cos 2\varphi$，这是探测器布置时必须考虑的因素。4 个探测器 $\Delta\varphi = 90°$在一个极角 Θ 上分开的安排是有利的，因为通过取 4 个探测器的计数率的差与和，4 个分析量的每一个几乎可以独立于所有其他而确定[7]。

5.4.2 极化转移坐标系

为了确定极化转移系数，必须测量由极化粒子引起的初级反应的出射粒子的极化（“双散射”）。这是通过一个（标定的）分析仪反应来完成的。为此，再次使用麦迪逊定理，即出射粒子的运动方向（沿着图 5-1 中的 $\boldsymbol{k}_{out}$）为第二次散射的新 z' 轴。然而，这个轴可以沿着质心系或实验室系来定义方向。那么，分析仪反应的坐标系统可以像前面那样定义为具有以下特征的右手坐标系：$\boldsymbol{x}'$沿着 $\boldsymbol{y}'\times\boldsymbol{z}'$，$\boldsymbol{y}'$沿着 $\boldsymbol{z}\times\boldsymbol{k}_{out}$ 并且 $\boldsymbol{z}' = \boldsymbol{k}_{out}$。Ohlsen [8]，Ohlsen 和 Keaton[9]，Sperisen et al.[10]，Sydow et al.[11,12]对极化转移有更详细的讨论。

5.4.3 自旋关联坐标系

在这种情况下，必须考虑两个原则上独立的极化，因为它们可以在任意自旋方向上独立制备。根据上述规定，可以定义两个坐标系，它们将围绕 z 轴互相转动，即它们由一个方位角 Φ 连接。因此，两个系统中描述探测器位置的方位角由包含 φ 的三角关系连接。

如上所述，观测值（如自旋相关系数）仅依赖于极角 Θ，而（极化）截面通常通过引入坐标系获得方位依赖。这些在原则上是任意的，但我们遵循 Ohlsen[8]和麦迪逊定理[4]。Ohlsen 在文献［8］中，解释了自旋 1/2 对自旋 1 系统的自旋相关截面的方位依赖性（还可参见文献［13］）。对于自旋 1 对自旋 1 的情况，Paetz gen. Schieck 在文献［14］中有解释。

一般来说，建议选择这样一个系统，一个真实实验的描述是尽可能简单和直观的。在这方面，笛卡尔描述比球面描述更直观。极化源和极化靶的极化分量的描述最好是在一个空间固定的坐标系中，在这个坐标系中，极化矢量的方向由入射束流极化的两组极角和方位角（β_b，ϕ_b）和靶的两组（β_t，ϕ_t）来描述。张量极化的方向固定于极化矢量的方向。在坐标系中，选择了一组轴 x、y、z，其中 z 与入射束方向（沿 $\boldsymbol{k}_{in}$方向）相同，y 可以垂直向上，x、y、z 形成右手螺旋。

另一方面，需要一个散射框架系统定义为 y 轴方向的 $\boldsymbol{k}_{in}\times\boldsymbol{k}_{out}$，$Z$ 与 z 轴一致，又与轴一起形成一个右手系 $Z=z$。很明显，这对于每个探测器系统是不同的，它的位置必须有一个极角 Θ 和一些方位角。要求对于只有一种粒子类型（束流或靶）被极化（导致分析量）的截面部分，有对方位角依赖于 φ（最大方位角为 $\cos 2\varphi$）的通常描述，见 5.4.1 节。图 5-2 显示了两个极化对称轴与弹核螺旋框架之间的关系。

入射束散射中的极化分量为

$$
\begin{aligned}
p_x &= \hat{p}_Z \sin\beta_b \cos(\phi_b - \Phi) \\
p_y &= \hat{p}_Z \sin\beta_b \sin(\phi_b - \Phi) \\
p_z &= \hat{p}_Z \cos\beta_b \\
p_{XY} &= \frac{3}{4}\hat{p}_{ZZ}\sin^2\beta_b \sin 2(\phi_b - \Phi) \\
p_{YZ} &= \frac{3}{2}\hat{p}_{ZZ}\sin\beta_b\cos\beta_b \sin 2(\phi_b - \Phi) \\
p_{XZ} &= \frac{3}{2}\hat{p}_{ZZ}\sin\beta_b\cos\beta_b \cos(\phi_b - \Phi) \\
p_{XX} - p_{YY} &= \frac{3}{2}\hat{p}_{ZZ}\sin^2\beta_b \cos 2(\phi_b - \Phi) \\
p_{ZZ} &= \frac{1}{2}\hat{p}_{ZZ}(3\cos^2\beta_b - 1)
\end{aligned}
\tag{5-22}
$$

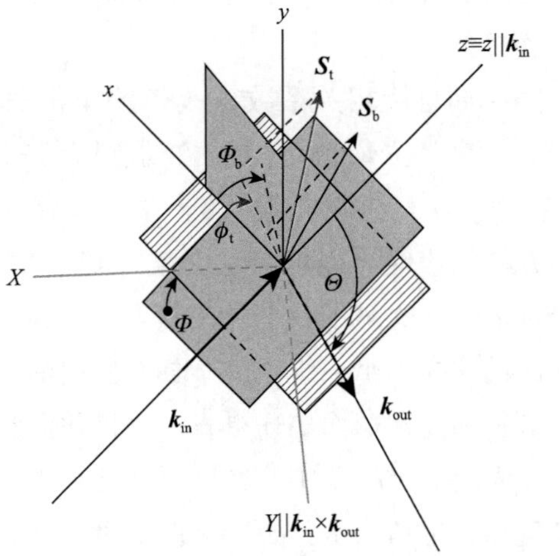

图 5-2 自旋 1 极化相关实验中自旋 1 的坐标系

束流（b）极化对称轴 S_b，靶（t）极化对称轴 S_t 定义在空间固定坐标系 x，y 和 z。

探测器（s）放置在相对于 $z=Z$ 轴的极角 Θ 和沿 z 顺时针从 x 轴测量角度 Φ。

相对于自旋方向的方位角为 $\phi_b-\Phi$ 和 $\phi_t-\Phi$。极化的极角 β_b 和 β_t 没有显示出。

靶的极化也类似：

$$q_X = \hat{q}_Z \sin\beta_t \cos(\phi_t - \Phi)$$
$$q_Y = \hat{q}_Z \sin\beta_t \sin(\phi_t - \Phi)$$
$$q_Z = \hat{q}_Z \cos\beta_t$$
$$q_{XY} = \frac{3}{4}\hat{q}_{ZZ}\sin^2\beta_t \sin 2(\phi_t - \Phi)$$
$$q_{YZ} = \frac{3}{2}\hat{q}_{ZZ}\sin\beta_t \cos\beta_t \sin 2(\phi_t - \Phi)$$
$$q_{XZ} = \frac{3}{2}\hat{q}_{ZZ}\sin\beta_t \cos\beta_t \cos(\phi_t - \Phi)$$
$$q_{XX} - q_{YY} = \frac{3}{2}\hat{q}_{ZZ}\sin^2\beta_t \cos 2(\phi_t - \Phi)$$
$$q_{ZZ} = \frac{1}{2}\hat{q}_{ZZ}(3\cos^2\beta_t - 1) \tag{5-23}$$

这些量 $\hat{p}_i$，$\hat{p}_{jk}$，$\hat{q}_i$，$\hat{q}_{jk}$，是束流和靶的（与坐标系无关）矢量极化和张量极化，由沿 z 轴的转动对称坐标系中超精细塞曼（Zeeman）态的占据数给出。

在自旋相关截面项中，束流和靶极化 p 和 q 以产物的形式出现。因此，典型的方位依赖来自于诸如此类的组合（sin 项也类似）

$$\propto \cos(\phi_b - \Phi) \cdot \cos(\phi_t - \Phi) \tag{5-24}$$
$$\propto \cos 2(\phi_b - \Phi) \cdot \cos(\phi_t - \Phi) \tag{5-25}$$
$$\propto \cos 2(\phi_b - \Phi) \cdot \cos 2(\phi_t - \Phi) \tag{5-26}$$

利用三角关系可以看出，这些项导致方位角相关 $\propto [\cos M]_{M=0,1,\cdots}$ 从而达到

$$\cos 4\Phi \text{ 与 } \sin 4\Phi \tag{5-27}$$

最大“复杂性”。

例如：相关系数 $C_{xy,xy}$。对于这个系数，乘积 $\sin 2(\phi_b - \Phi) \cdot \sin 2(\phi_t - \Phi)$ 可以转化为

$$\frac{1}{2}(\cos 4\Phi + 1)\sin 2\phi_b \sin 2\phi_t$$
$$-\frac{1}{2}(\cos 4\Phi - 1)\cos 2\phi_b \cos 2\phi_t$$
$$-\frac{1}{2}\sin 4\Phi(\cos 2\phi_b \sin 2\phi_t + \cos 2\phi_b \sin 2\phi_t) \tag{5-28}$$

这种复杂性必须通过一个足够精细颗粒度的探测器安排来满足。很明显，选择特殊的极化方向会产生实质性的简化。例如，在一个实验中，两个极化矢量都指向 x 方向，那么当 $\phi_b=\phi_t=0$ 时，只有简单的 φ 依赖关系

$$\propto(1-\cos 4\Phi) \tag{5-29}$$

截面的结果为这个相关系数。当然，必须为所有系数建立不同的 ϕ 依赖关系。在第 14 章中，给出了进入自旋 1 的关联自旋 1 相关的一般截面的完整的一组项。对于相同粒子，有些项是多余的。

5.5 *M* 矩阵的结构和“必要”实验的次数

当 $\boldsymbol{M}$ 矩阵的所有元素都被唯一确定时，可以认为一个核反应是“完全测量的”。要实现这一目标需要多少独立的极化实验取决于反应的自旋结构，可以从理论上推导。关于这个问题的许多研究已经发表，如 Hofmann 和 Fick[15]，Fick[16]，Köhler 和 Fick[17]，Simonius[18] 的著作，结论是在引用的事例中，没有引用任何测量值，例如四自旋观测是必要的。一个尝试“完全”确定所有 $\boldsymbol{M}$ 矩阵元素的实验程序的例子是 Saclay SATURNE 设施的神经网络程序。目前完整的神经网络数据是由 CNS DAC[19] 维护的，例如用于相移分析程序 SAID。

另一种方法是通过多通道 $\boldsymbol{R}$ 矩阵或单通道 $\boldsymbol{T}$ 矩阵方法对某些反应的不完整数据集进行最小二乘拟合[14,20~24]，例如在非常低能量下的两个 DD 反应。

在实践中（由于实验的不确定性），使用了一些冗余，即必须测量比最低要求更多的可观测数据。此外，并不是所有的 $\boldsymbol{M}$ 矩阵元素都是独立的，因为对称会在它们之间建立关系：

（1）转动对称（角动量守恒）：

核反应测量的结果与坐标系的方向无关，也与给定坐标系中实验的方向无关。

（2）镜像对称（宇称守恒—不适用弱相互作用）：

核反应的测量结果与在初始点反射的反应的结果相同。

（3）时间反演对称：

由于时间反转算子是“反统一”的，因此这里没有守恒量，但正反向反应的观测值之间存在关联（作为运动的反转，适用于相关粒子的自旋）。

在 Simonius[18]，Darden[5]，Fick 等人的著作[25] 中可以找到对 $\boldsymbol{M}$ 矩阵下面限制条件的详细研究。这里只给出几个具有实际重要性的例子。

原则上，极化观测在对称变换下的行为可以通过将其在给定（笛卡尔）坐标系下的每个分量考虑为对应张量和坐标方向上的单位矢量的乘积而得到。因此，不仅要考虑自旋张量本身的性质，还要考虑坐标的性质。在螺旋坐标系中，通过宇称算符 P 和时间反转算符 T 进行以下两种变换，坐标的行为是不同的

$$\begin{array}{lccc} & x, & y, & z \\ \text{宇称算符 } \boldsymbol{P}: & -x, & y, & -z \\ \text{时间反转算符 } \boldsymbol{T}: & x, & y, & z \end{array} \tag{5-30}$$

即只有 $\hat{y}=\dfrac{\boldsymbol{k}_{\text{in}}\times\boldsymbol{k}_{fin}}{|\boldsymbol{k}_{\text{in}}\times\boldsymbol{k}_{fin}|}$ 在奇偶变换下是不变的，而笛卡尔自旋算符 $\boldsymbol{S}$ 的所有分量都是不变的。(这是从 $\boldsymbol{S}^2$ 与 P 交换的事实和交换关系 $\boldsymbol{S}\times\boldsymbol{S}=i\boldsymbol{S}$ 得出的)。因此只有 $\boldsymbol{S}_y$ 是 $\boldsymbol{P}$ 不变的。这意味着在具有宇称守恒相互作用的核反应中，只能在出射道中产生极化分量 $p_{y'}\neq0$，或者分析本领 $\neq0$ 的唯一分量将是 A_y。另一方面，像 A_x 或 $A_z\neq0$ 这样的分量测量非常适合于寻找奇偶不守恒。

从 $\boldsymbol{S}$ 的奇偶性行为来看，不仅可以得到高阶可观的奇偶性行为（自旋>1/2），也可以得到相应的张量矩。奇偶守恒为分析张量矩（分析本领）提供了条件：

$$T_{k-q}=(-1)^{k+q}T_{kq} \tag{5-31}$$

与 1/2 自旋系统一样，由于宇称守恒，较大自旋的可观测量数目也会减少。当 $S=1$ 时，只有一个矢量分析本领 $\boldsymbol{A}_y$，三个张量分析本领 $\boldsymbol{A}_{zz}$、$\boldsymbol{A}_{xz}$ 和 $\boldsymbol{A}_{xx}-\boldsymbol{A}_{yy}$；或 $i\boldsymbol{T}_{11}$、$\boldsymbol{T}_{20}$、$\boldsymbol{T}_{21}$ 和 $\boldsymbol{T}_{22}$ 分别为 $\neq0$。秩为 3 的笛卡尔分析本领

$$\boldsymbol{A}_{xxx}=\boldsymbol{A}_{zzz}=\boldsymbol{A}_{zzx}=\boldsymbol{A}_{xxz}=\boldsymbol{A}_{yyz}=\boldsymbol{A}_{xyy}=0 \tag{5-32}$$

作为一个规则：指标 x 和 z 的数目的和必须是偶数才使得可观测量存在[8]。

对于普适分析本领转动不变性和奇偶守恒，得到如下关系[26]：

$$\begin{aligned} &\tau_{\text{kqKQ}}^{\text{k}'\text{q}'\text{K}'\text{Q}'}(p_3,\ \Theta_3,\ \phi_3;\ p_4,\ \Theta_4,\ \phi_4) \\ &=(-)^{\sum_{j-1}^{4}k_j}[\tau_{\text{kqKQ}}^{\text{k}'\text{q}'\text{K}'\text{Q}'}(p_3,\ \Theta_3,\ -\phi_3;\ p_4,\ \Theta_4,\ -\phi_4)] \end{aligned} \tag{5-33}$$

对于上面的坐标系引入 $\phi_3=0$ 和 $\phi_4=\pi$，这样简化为

$$\tau_{\text{kqKQ}}^{\text{k}'\text{q}'\text{K}'\text{Q}'}=(-)^{\sum_{j-1}^{4}k_j}[\tau_{\text{kqKQ}}^{\text{k}'\text{q}'\text{K}'\text{Q}'}]^* \tag{5-34}$$

这意味着所有的极化转移系数要么是实的，要么是虚的。从出射粒子 3 的极化

$$t_{\text{k}'\text{q}'}=\frac{\tau_{0000}^{\text{k}'\text{q}'00}}{\tau_{0000}^{0000}} \tag{5-35}$$

也遵循

$$t_{k'q'}=(-)^{k'}t_{k'q'}^{*} \tag{5-36}$$

对于 $k'=1$（矢量极化），只有 Im（t_{11}）$=-\frac{1}{2}\sqrt{3}p_{y'}$是≠0 的，即极化矢量点垂直于散射平面。

在 Knutson[26]、Ohlsen 等人的[27]中也讨论了三粒子在出射道中的反应情况。在这种情况下，一般不受宇称守恒的限制。例外的是：

（1）三个粒子的动量和束流形成一个平面。这个系统就像一个两粒子反应。

（2）只有一个粒子被检测到（这是一个运动学上不完整的测量，它对未观测到的粒子动量进行了平均）。这里转移系数将再次是纯实的或纯虚的，从而减少它们的数量因子 2。

时间反演不变性导致了正向和反向反应的观测值之间的关系。其中一种关系是“细致平衡”原则，它要求两者的截面相等（直到相空间因素）。极化可见相似关系的结果，如矢量分析本领的同等性正向反应的极化弹核和出射粒子 b 的出射道极化的逆向反应产生一个未极化的束流（或靶）——通常必须用第二个散射。由于弹性散射弹核 a 和出射粒子 b 是相同的，因此二次散射实验绝对会得到 A_y^2（但没有 A_y 的符号）。一个广泛使用的质子分析反应的例子是 ^{4}He（p，p）^{4}He。

Ohlsen[8]给出了（对于笛卡尔观测量）的详细描述，特别是极化转移系数和自旋相关系数，以及宇称守恒和时间反演不变性限制的（计数）规则。具有自旋结构的系统：

（1）极化转移。

$$\overrightarrow{\frac{1}{2}}+A\rightarrow\overrightarrow{\frac{1}{2}}+B$$

$$\overrightarrow{1}+A\rightarrow\overrightarrow{\frac{1}{2}}+B$$

$$\overrightarrow{\frac{1}{2}}+A\rightarrow\overrightarrow{1}+B$$

$$\overrightarrow{1}+A\rightarrow\overrightarrow{1}+B$$

（2）自旋相关。

$$\overrightarrow{\frac{1}{2}}+\overrightarrow{\frac{1}{2}}\rightarrow b \text{ 或 } B$$

$$-\vec{1}+\frac{\vec{1}}{2}\longrightarrow b \text{ 或 } B$$

$$-\vec{1}+\vec{1}\rightarrow b \text{ 或 } B$$

在那里讨论了。Sperisen 等人的著作［10］包含了对极化转移实验的一般形式的描述。

表 5-1　自旋系统 1/2+0 → 1/2+0 的可观测量表

散射量	束流			
	1	p_x	p_y	p_z
$I\ (\Theta)$	$\lvert A\rvert^2+\lvert B\rvert^2$		$2\mathrm{Re}\ (A\times B)$	
	I_0		I_0A_y	
$P_{x'}\ (\Theta)$		$\lvert A\rvert^2-\lvert B\rvert^2$		$2\mathrm{Im}\ (A\times B)$
		$I_0K_x^{x'}$		$I_0K_z^{x'}$
$P_{y'}I\ (\Theta)$	$2\mathrm{Re}\ (A^*B)$		$\lvert A\rvert^2+\lvert B\rvert^2$	
	I_0p_y		$IK_y^{y'}$	
$P_{z'}I\ (\Theta)$		$-2\mathrm{Im}\ (A*B)$		$\lvert A\rvert^2-\lvert B\rvert^2$
		$I_0K_z^{x'}$		$I_0K_z^{z'}$

5.6　实例

下面只讨论几个重要自旋系统的观测实例。

5.6.1　自旋结构 1/2+0 →1/2+0 系统

例：^{4}He（p，p）^{4}He，^{4}He（n，n）^{4}He，^{1}H（p，p）^{1}H。自旋结构 1/2+0 - → 1/2+0的转移矩阵形式为

$$\boldsymbol{M}\ (\boldsymbol{k}_{\mathrm{in}},\ \boldsymbol{k}_{\mathrm{fin}})\ =\boldsymbol{A}+\boldsymbol{B}\ (\sigma\hat{\boldsymbol{y}}) \tag{5-37}$$

A=非自旋反转振幅，**B**=自旋反转振幅。描述将在右手坐标系或者质心坐标系或实验室坐标系。表 5-1 展示了这些系统可能的（和部分冗余的）观测值。对于弹性散射，通过以下方法可以显著减少独立观测的数量：

（1）宇称守恒（P）：某些观测的期望值消失，如纵向分析本领 A_z；

（2）时间反演不变性（T）：T 连接了正向和反向反应的观测值。

有了这些对称性，独立观测物（实验）的数量从 15 个可能的“真实”极化实验减少到 3 个独立的“真实”极化实验+微分和总截面的测量（见表 5-2）。复振幅的数目是 $N=2$，因此实际振幅的数目是 $2N-1=3$，等于必要的独立极化实验的最小数目。其中最多有 4 个（包括非极化截面），考虑到观测值之间的附加关系。在实验室系下确定传递系数后。在用“Wolfenstein”参数识别了实验室系下的传递系数后，一个很好的已知的不同观测值之间的关系是

$$p_{y'}^2+R^2+A^2=1 \tag{5-38}$$

表 5-2 用宇称守恒（P）和时间反演不变性（T）减少独立观测量

	未极化束流	极化束流
微分截面	$\left(\frac{\mathrm{d}\sigma}{\mathrm{d}\Omega}\right)_0$ （1）	A_i （3） $\overbrace{(1)}^{P}$
	↙ $\boldsymbol{T}$	↗
散射极化	p_i （3） $\overbrace{(1)}^{P}$	$K_i^{j'}$ （9） $\overbrace{(5)}^{P}\overbrace{(2)}^{T}$

5.6.2 自旋结构 1/2+1/2 →1/2+1/2 系统

例如：NN 系统，反应如^{3}He（p，p）^{3}He，^{3}H（p，p）^{3}H 等。Bystricki 等人在文献［2］中给出了这些系统的弹性散射形式非常详细的描述，其中观察值和 $\boldsymbol{M}$ 矩阵元素之间建立了联系。表 5-3 列出了这个自旋系统的所有可能的极化观测。因此，原则上有 255 个可能的极化实验+非极化微分截面的测量（+总截面的测量）。对于弹性散射，奇偶守恒和时间反演不变性将相同粒子的实验次数减少到 25 次（如 p-p 散射），对于非相同粒子的实验次数减少到 36 次。

对于自旋结构为 1/2+1/2 - →1/2 + 1/2 的系统，传递矩阵的形式为：（弹性散射）

$$\boldsymbol{M}(\boldsymbol{k}_{\text{in}},\boldsymbol{k}_{\text{fin}})=1/2\left[(a+b)-(a-b)(\sigma_1\boldsymbol{n})(\sigma_2\boldsymbol{n})+(c+d)(\sigma_1\boldsymbol{m})(\sigma_2\boldsymbol{m})+(c-d)(\sigma_1\boldsymbol{l})(\sigma_2\boldsymbol{l})+e(\sigma_1+\sigma_2)\boldsymbol{n}+f(\sigma_1+\sigma_2)\boldsymbol{n}\right] \tag{5-39}$$

这里 σ_i 是（笛卡尔系）泡利自旋算子，$\boldsymbol{m}$，$\boldsymbol{n}$，$\boldsymbol{l}$ 是右手质心系的基矢量：

$$\boldsymbol{l}=\frac{\boldsymbol{k}_{\text{fin}}+\boldsymbol{k}_{\text{in}}}{|\boldsymbol{k}_{\text{fin}}+\boldsymbol{k}_{\text{in}}|};\ \boldsymbol{m}=\frac{\boldsymbol{k}_{\text{fin}}-\boldsymbol{k}_{\text{in}}}{|\boldsymbol{k}_{\text{fin}}-\boldsymbol{k}_{\text{in}}|};\ \boldsymbol{n}=\frac{\boldsymbol{k}_{\text{fin}}\times\boldsymbol{k}_{\text{in}}}{|\boldsymbol{k}_{\text{fin}}\times\boldsymbol{k}_{\text{in}}|} \tag{5-40}$$

表 5-3 自旋结构 1/2+1/2 → 1/2+1/2 在实验中的可观测量定义为 B "束流"，T "靶"，u "未极化"，p "极化"，X_{pqik} 中 p，q，i，k 可取 s，n，l（极化）或 o（未极化），k 描述靶，i 描述束流，q 描述反冲核，p 描述散射核。l 代表 "纵向"，n 表示 "法向"（沿着散射法线），以及 s（或 m）代表 "横向"（垂直于 l 和 n）

可观测量	Bu，Tu	Bp，Tu	Bu，Tp	Bp，Tp
微分截面	I_{oooo}（1）	A_{ooio}（3）	A_{oook}（3）	A_{ooik}（9）
散射极化	P_{pooo}（3）	D_{poio}（9）	K_{pook}（9）	M_{poik}（27）
反冲极化	P_{oqoo}（3）	K_{oqio}（9）	D_{oqok}（9）	N_{oqik}（27）
极化相关性	C_{pqoo}（9）	C_{pqio}（27）	C_{pqok}（27）	C_{pqik}（81）

在 p-p 散射中，考虑宇称守恒、时间反演不变性和泡利原理后，有 $N=5$，在 n-p 散射中 $N=6$ 不变性，独立的复振幅（总共有 16 种可能）。

因此，在一个完整的实验中，$2N-1$ 的实际量必须通过至少同样多的独立实验来确定：

（1）对 p-p：9；

（2）对 n-p：11。

5.6.3 $\frac{\vec{1}}{2}+\vec{1}$ 自旋结构系统和三核子研究

这个系统在原则上是非常重要的，因为三核子系统 $N+d$ 是继 NN 系统之后的最重要的系统，用于测试基本相互作用，如介子交换或有效场理论 NN 输入到类似 Faddeev 计算，包括三体力和库仑力。然而，到目前为止，已经测量到的不同极化观测量的数量非常有限。这是核子和氘核矢量分析本领 $\boldsymbol{A}_y$ 和 $\mathrm{i}\boldsymbol{T}_{11}$，弹性散射的氘核分析本领 $\boldsymbol{T}_{2q}$，破裂反应的分析本领 $N+d \rightarrow 3N$。系统：极化自旋 1/2 对非极化自旋 1 粒子的弹性散射的观测已在文献［28］中讨论，其中包括相移参数化。

5.6.4 $\vec{1}+\vec{1}$ 和 $\frac{\vec{1}}{2}+\frac{\vec{1}}{2}$ 自旋结构系统和四核子系统

四核子系统是最小的核系统，具有丰富的结构，由激发态和不同的道组成，有几个集团 1+3 和 2+2。它的重要性体现在理论方法上，通过 Faddeev-Yakubovsky 方程再次使用基本的 NN 相互作用，包括三核子、四核子力以及库仑相互作用，在聚变能研究中的应用。这些反应中的极化效应相对较大，并且已经收集了大量不同的观测结果，特别是在低能量（聚变和天体物理相关）下。第

14.2 节将详细讨论 D+D 反应的自旋相关性在聚变能中的作用。

5.6.5 对观测量选择的实际标准

在实践中，由于以下原因，选择了超过最低限度需求的实验集：

(1) 由可观察对象之间的关系提供的一致性检查。

(2) 由与 ***M*** 矩阵相关方程的双线性形式引起的可能的离散模糊解。

(3) 不可避免的实验误差要求拟合过程具有比拟合参数（矩阵元素，相移等）更多的观测值是必要的。

选择合适极化可观测的准则：

(1) 冗余：观测值应该是线性独立的（当然它们通过矩阵元素的不同组合相互依赖）。

(2) 技术上的可实现性。

(3) 可用性；例如：极化靶。

(4) 易于定向的极化在束流和靶成三个正交的方向。

(5) 避免复杂的三或四自旋观测。

(6) 避免在自旋转移中测量纵向极化分量（需要磁场自旋转动）。

(7) 所有观测值对振幅的“灵敏度”，不同观测值之间的小协方差（在合适的程序中确定反应振幅时，这可能很重要）。

为了描述核反应，必须将测量到的（极化）观测结果与某些（最好是现有的）理论的预测进行比较。作为理论和实验之间的“界面”，可以使用一个单一的观测结果。当更多的（和不同的）观测被测量时，最好提取常见的基本量，如转移矩阵元素，***S*** 或 ***T*** 矩阵元素或弹性散射-相关的参数化，如相移，以便与理论进行比较。这也允许仅从实验数据或与理论相比较来预测未测量的量。本书后续将讨论分波分析。

参考文献

[1] Welton, T. A.: In: Marion J. B., Fowler, J. D. (eds.) Fast Neutron Physics II, p.1317. Interscience, New York(1963)

[2] Bystricki, J., Lehar, F., Winternitz, P.: J. de Physique39, 1(1978)

[3] Huber, P., Meyer, K. P. (eds.): Proceedings of the International Symposium on Polarization Phenomena of Nucleons, Basel 1960. Helv. Phys. Acta Suppl. VI,

Birkhäuser, Basel(1961)
[4] Barschall, H. H. , Haeberli, W. (eds.): Proceedings of the 3rd International Symposium on Polarization Phenomena in Nuclear Reactions, Madison 1970, p. xxv. University of Wisconsin Press, Madison(1971)
[5] Darden, S. E. : In: [6] p.39(1971)
[6] Barschall, H. H. , Haeberli, W. (eds.): Proceedings of the 3rd International Symposium on Polarization Phenomena in Nuclear Reactions, Madison 1970. University of Wisconsin Press, Madison(1971)
[7] Petitjean, Cl. , Huber, P. , Paetz gen. Schieck, H. , Striebel, H. R. : Helv. Phys. Acta40, 401(1967)
[8] Ohlsen, G. G. : Rep. Progr. Phys. 35, 717(1972)
[9] Ohlsen G. G. , Keaton, P. W. Jr: Nucl. Instrum. Methods 109, 41 and ibid. p.61 ff.(1973)
[10] Sperisen, F. , Grüebler, W. , König, V. : Nucl. Instrum. Methods 204, 491 (1983)
[11] Sydow, L. , Vohl, S. , Lemaître, S. , Nießen, P. , Nyga, K. R. , Reckenfelderbäumer, R. , Rauprich, G. , Paetz gen. Schieck, H. : Nucl. Instrum. Methods Phys. Res. A 327, 441(1993)
[12] Sydow, L. , Vohl, S. , Lemaître, S. , Patberg, H. , Reckenfelderbäumer, R. , Paetz gen. Schieck, H. , Glöckle, W. , Hüber, D. , Witała, H. : Few-Body Systems25, 133(1998)
[13] Przewoski B. , v. et al. : Phys. Rev. C74, 064003(2006)
[14] Paetz gen. Schieck, H. : Eur. Phys. J. A44, 321(2010)
[15] Hofmann, H. M. , Fick, D. : Z. Physik194, 163(1966)
[16] Fick, D. : Z. Physik199, 309(1967)
[17] Köhler, W. E. , Fick, D. : Z. Physik215, 408(1968)
[18] Simonius, M. : In: [29] p.37(1974)
[19] CNS DAC, http://gwdac. phys. gwu. edu
[20] Hale, G. , Doolen, G. : Report LA-9971-MS, Los Alamos(1984)
[21] Fletcher, K. A. , Ayer, Z. , Black, T. C. , Das, R. K. , Karwowski, H. J. , Ludwig, E. J. , Hale, G. M. : Phys. Rev. C 49, 2305(1994)
[22] Lemaître, S. , Paetz gen. Schieck, H. : Few-Body Systems9, 155(1990)

[23] Lemaître, S. , Paetz gen. Schieck, H. : Ann. Phys. (Leipzig) 2, 503 (1993)

[24] Geiger, O. , Lemaître, S. , Paetz gen. Schieck, H. : Nucl. Phys. A586, 140 (1995)

[25] Fick, D. , Einf. i. d. Kernphysik m. polarisierten Teilchen, BI-HTB 755/755a, Mannheim (1971)

[26] Knutson, L. D. : Nucl. Phys. A198, 439 (1972)

[27] Ohlsen, G. G. , Brown, R. E. , Correll, F. D. , Hardekopf, R. A. : Nucl. Instrum. Methods 179, 283 (1981)

[28] Seyler, R. G. : Nucl. Phys. A124, 253 (1969)

[29] Fick, D. (ed.): Proceedings of Meeting on Polarization Nuclear Physics, Ebermannstadt 1973,

第六章

分波展开

特别是在低能量时，可观测的分波展开是有用的。其中一个优点是，由于勒让德（Legendre）函数是角动量的本征函数，因此可以研究反应中不同角动量的影响和依赖性。在处理短程核力作用下的核部分时，展开可以在几项后被截断；离心势垒阻止了更高的角动量的贡献。入射带电粒子的问题是库仑相互作用，由于它的长程，需要非常多的分波。

6.1 中性粒子

中性粒子之间的两粒子反应的最普遍的扩展是由韦尔顿（Welton）发表的[1]。它将出射道的（球形）张量矩描述为入射道张量矩的函数，如前所述。海斯（Heiss）[2]把情况扩展到了电荷反应配对的弹性散射，霍夫曼，奥伦坎普，尼加（Hofmann，Aulenkamp，Nyga）扩展到了全同粒子的情况，韦尔顿的最终结果将通过修正给出，即张量矩的定义遵循拉金（Lakin）[3]的定义，因此符合麦迪逊（Madison）定理[4]。为了避免与 $\boldsymbol{R}$ 矩阵理论[5]的表达式混淆，这里威尔顿的 $\boldsymbol{R}$ 和 $\boldsymbol{\mathcal{R}}$ 已经被重新命名为 $\boldsymbol{T}$ 和 $\boldsymbol{\mathcal{T}}$，张量矩被指定为在本文中介绍的那样：$t^{\mathrm{kq,KQ}}$代替 $t_{q\gamma,Q\Gamma}$作为出射道，$t_{\mathrm{k'q',K'Q'}}$代替 $t_{q'\gamma',Q'\Gamma'}$作为入射道。

$$t^{\mathrm{kq,\ KQ}} = (2k_{\mathrm{in}})^{-2}(\hat{\imath}\hat{I})^{1/2}$$

$$\cdot \sum \begin{Bmatrix} i & I & s_1 \\ k & K & t \\ i & I & s_2 \end{Bmatrix} \begin{Bmatrix} i' & I' & s'_1 \\ k' & K' & t' \\ i' & I' & s'_2 \end{Bmatrix} \begin{Bmatrix} l_1 & s_1 & J_1 \\ l & t & L \\ l_2 & s_2 & J_2 \end{Bmatrix} \begin{Bmatrix} l'_1 & s'_1 & J_1 \\ l' & t' & L \\ l'_2 & s'_2 & J_2 \end{Bmatrix}$$

$$\cdot (l_1 l_2 00 \mid l0)(l'_1 l'_2 00 \mid l'0)(lt0\Lambda \mid L\Lambda)$$

$$
\begin{aligned}
&\cdot (l't'0\Lambda' \mid L\Lambda')(kKqQ \mid t\Lambda)(k'K'q'Q' \mid t'\Lambda') \\
&\cdot T_1^{J^{\pi}1} T_2^{J^{\pi}2} * D^L_{\Lambda'\Lambda}(\Phi,\ \Theta,\ 0) \\
&\cdot (\hat{l}'\hat{I}')^{-1/2} \\
&\cdot t_{k'}q',\ K'Q'
\end{aligned}
\tag{6-1}
$$

符号的含义：

（1）填充量：入射道，未填充量：出射道；

（2）每个道中的备选项用 1 和 2 区分；

（3）粒子自旋：i，I，i'，I'；

（4）道自旋：S，S'；

（5）轨道角动量：ℓ，ℓ'，总角动量：J（唯一的守恒角动量）；

（6）张量矩的等级和分量：k，q 和 K，Q；

（7）总和超过了所有的指数，除了 k，K，q，Q；i，I，i'，I'；

（8）$\hat{\boldsymbol{I}}$ 表示 $2\boldsymbol{I}+1$；

（9）大括号中的符号为 $9j$ 符号（见文献［6］）；

（10）$(l_1 l_2 00 \mid l0)$ 等符号为 Clebsch-Gordan（CG）系数（参见文献［6］）；

（11）矩阵元素 $\boldsymbol{T}_1^{J^{\pi_1}}$ 和 $\boldsymbol{T}_2^{J^{\pi_2}}$ 在渐近好量子数的表示中定义为

$$
\boldsymbol{T}_1^{J^{\pi}1} = \langle \alpha'\ \ell' s' \mid \mathcal{T} \mid \alpha\ \ell s \rangle, \tag{6-2}
$$

其中 $\boldsymbol{\tau}=\boldsymbol{S}-1$ 在自旋空间中定义，$\boldsymbol{S}$ 是通常的 $\boldsymbol{S}$ 矩阵。缩写形式为

$$
t \propto \sum_{1,\ 2} \boldsymbol{B}(1,\ 2)\boldsymbol{T}_1\boldsymbol{T}_2^* \boldsymbol{D}^L_{\Lambda\Lambda'} \cdot t' \tag{6-3}
$$

可以得出一些一般的结论

$\boldsymbol{B}$（1，2）$\boldsymbol{T}_1\boldsymbol{T}_2^*\boldsymbol{D}^L_{\Lambda\Lambda'}$ 是普适分析本领 $\boldsymbol{T}^{kq,KQ}_{k'q',K'Q''}$ 的分量，通过互换因子 $1\leftrightarrow 2$，可以发现问题 $\boldsymbol{B}$（2，1）=（$-$）$^{k+K+k'+K'}$ $\cdot \boldsymbol{B}$（2，1）和

$$
\begin{aligned}
t &\propto \sum_{1,\ 2} \frac{1}{2}[\boldsymbol{T}_1\boldsymbol{T}_2^*\boldsymbol{B}(1,\ 2) + \boldsymbol{T}_1^*\boldsymbol{T}_2\boldsymbol{B}(2,\ 1)]\boldsymbol{D}^L_{\Lambda'\Lambda} \cdot t' \\
&= \sum_{1,\ 2} \frac{1}{2}(\boldsymbol{T}_1\boldsymbol{T}_2^*\boldsymbol{B}(1,\ 2) + (-)^{k+K+k'+K'}\boldsymbol{T}_1^*\boldsymbol{T}_2\boldsymbol{B}(1,\ 2)D^L_{\Lambda\Lambda'} \cdot t'
\end{aligned}
\tag{6-4}
$$

由于

$$
k+K+k'+K' = \begin{Bmatrix} \text{even} \\ \text{odd} \end{Bmatrix} \text{ only } \begin{Bmatrix} \text{Re} \\ \text{Im} \end{Bmatrix} (T_1 T_2^*) \tag{6-5}
$$

将会出现。例如只有入射束被极化，没有测量出射极化（$k'=1$，$k=K=K'=0$），

分析本领为

$$A_y \propto iT_{11} \propto \mathrm{Im}\ (T_1 T_2^*) \tag{6-6}$$

因此，奇秩的极化效应（例如，矢量分析本领或矢量极化）消失：

（1）矩阵元素是完全真实的。例如玻恩近似中具有实势的情况。

（2）只有单个矩阵元素有以下贡献：$T_1 T_1^* - T_1^* T_1 = 0$。这是一个孤立的共振，轨道角动量只有一个轨道角动量（如果没有张量力耦合同等宇称的角动量），并且没有直接的贡献。一个例子是在 $E_d = 107$ keV 处的 ^3H（d，n）^4He 反应的 $3/2^+$ 共振。

（3）所有的矩阵元素都具有相同的相位：$T_1 = r_1 e^{i\phi}$，$T_2 = r_2 e^{i\phi}$：$T_1 T_2^* = r_1 r_2 =$ real。

（4）ℓ仅存在一个值，且为零。

（5）仅存在一个具有 $J_1 = J_2 = 0$ 或 1/2 的中间状态。在最后两种情况下，非极化截面的角分布是各向同性的：来自 $\ell_1' = \ell_2' = \ell = \ell + t$（=0）$= L = 0 \to \sigma_0$ 为各向同性。

（6）在 J 的两个可能的不同值之间没有相互作用来区分（对于一个 ℓ）。一个矢量 $\boldsymbol{\ell} \cdot \boldsymbol{s}$ 的力是例如对于产生矢量极化或分析本领所必需的，否则不满足条件 $T_1 \neq T_2$。

附加结论：

（1）宇称守恒减少了可能的张量矩的数量。

例子：出射张量矩 $t_{00} = 0$ 和入射张量矩 t_{10}，在 z 方向上极化，因此保持反应 $A_z \propto T_{10} = 0$ 的（纵向）分析本领。这是由于 CG 系数$(\ell_1' \ell_2' 00 \mid \ell' 0)$的一个属性，它只有在 $\ell_1' + \ell_2' + \ell'$ 为偶数时为 $\neq 0$，并且类似于$(\ell_1 \ell_2 00 \mid \ell 0)$。宇称守恒要求 $\ell_1' + \ell_2' + \ell_1 + \ell_2$是偶数，结果是 $L = \ell$和 $\ell + \ell' =$偶数。然而，对于 $k' = 1$，$q' = 0$，$k = q = 0$ 和 $t' = 1$，$L = \ell' + t'$，有 $\ell = \ell_1' \pm 1$ 和 $\ell + \ell' = 2\ell' \pm 1 =$奇数与上述相矛盾。

① 角分布的复杂性（定义为函数$D^L_{\Lambda'\Lambda}$或 Y^Λ_L 或 P^Λ_L）的最大可能阶 L）可得到

$$-L_{\max} \leqslant J_1 + J_2$$

$$-L_{\mathrm{rmmax}} \leqslant \ell_1 + \ell_2 + k + K$$

$$-L_{\max} \leqslant \ell_1' + \ell_2' + k' + K'$$

② 很明显，对于非极化的横截面 $t_{00,00}\Lambda = \Lambda' = 0$，没有 ϕ 的依赖性，D_{00}被简化为一个简单的勒让德（Legendre）多项式 P_L（$\cos\Theta$）。特别是 s 波$(\ell_1 = \ell_2 = L = 0)$的角分布是各向同性的。这也适用于 $J_1 = J_2 = 0$ or $= 1/2$。检查相关 J 符号表明，如 $J_1 = J_2 = 1/2$，$\ell = L = 0$ 为最大可能值：

$$\begin{Bmatrix} \ell_1 & s_1 & J_1 \\ \ell & t & L \\ \ell_2 & s_2 & J_2 \end{Bmatrix} = \begin{Bmatrix} \ell_1 & s_1 & 0 \\ \ell & 0 & \ell \\ \ell_2 & s_2 & 0 \end{Bmatrix} \tag{6-7}$$

6.2 带电粒子

对于包含弹性散射中库仑相互作用的情况，Heiss[2] 以这样一种方式处理：对于一个可观测的物体，现在有三个：纯核相互作用项，纯卢瑟福（Rutherford）项，以及两者之间的干涉项。最后一个是由于库仑力的长程，在截断较高的分波时可能导致问题，其中应包括非常高的 ℓ 值（对应于相互作用的大屏蔽（或截止）半径），而纯核项很少有 low-ℓ 分波就足够了。纯库仑项是以接近的形式写下来的——它只是卢瑟福（Rutherford）散射，至少在处理点电荷间库仑力的单极项时是这样。

因此，将带电粒子散射的输出张量矩与入射张量矩联系起来的最一般的方程有三部分。

$$\begin{aligned} t^{kq,\ KQ} = {} & (2k_{in})^{-2}\Big\{4\pi\delta_{\alpha\alpha'}\delta_{iI,\ i'I'}\,|C_\alpha(\Theta)|^2\sum B_1(kqKQ;\ k'q'K'Q';\ L\Lambda\Lambda') \\ & + (4\pi)^{1/2}\delta_{\alpha\alpha'}\delta_{iI,\ i'I'}\sum B_2(\ell s_2kqKQ;\ \ell' s'_2k'q'K'Q';\ L\Lambda\Lambda';\ I) \\ & \cdot [iC(\Theta)T^* + (-)^{k+k'+K+K'}(iC(\Theta)T^*)^*] \\ & + \frac{1}{2}\sum B_4(\ell_1s_1\ \ell_2s_2kqKQ;\ \ell'_1s'_1\ \ell'_2s'_2k'q'K'Q';\ L\Lambda\Lambda';\ J_1J_2) \\ & \cdot [(T_1T_2^*) + (-)^{k+k'+K+K'}(T_1T_2^*)^*]\Big\}\, D^L_{\Lambda\Lambda'}(\Phi,\ \Theta,\ 0)\,t_{k'q',\ K'Q'} \end{aligned} \tag{6-8}$$

这些和涵盖了系数的所有参数；B 系数被定义为卢瑟福项

$$B_1 = \delta_{kk'}\delta_{KK'}(kKq'Q' \mid L\Lambda)(kKqQ \mid L\Lambda') \tag{6-9}$$

相干项

$$\begin{aligned} B_2 = {} & (-)^{s_2+s'_2-2I}\hat{I}\hat{k}'\hat{K}'(\hat{\ell}\hat{\ell}'\hat{s}_2\hat{s}'_2)^{1/2} \\ & \cdot \sum_{tt's}(\hat{t}')^{1/2}\hat{s}\begin{Bmatrix} i & I & s \\ k & K & t \\ i & I & s_2 \end{Bmatrix}\begin{Bmatrix} i & I & s \\ k' & K' & t' \\ i & I & s' \end{Bmatrix} W(stI\ \ell;\ s_2L)\,W(st'I\ \ell';\ s'_2L) \\ & \cdot (t\ \ell\Lambda'0 \mid L\Lambda')(t'l'\Lambda 0 \mid L\Lambda)(kKqQ \mid t\Lambda')(k'K'q'Q' \mid t'\Lambda) \end{aligned} \tag{6-10}$$

以及纯核项（威尔顿（Welton）公式）

$$B_4 = \left(\frac{\hat{I}\hat{I}}{\hat{k}\hat{K}}\right)^{1/2}\left(\frac{\hat{I}'\hat{I}'}{\hat{k}'\hat{K}'}\right)^{1/2}$$

$$\cdot F(\ell_1\,\ell_2 s_1 s_2 J_1 J_2 L\Lambda';\ kKqQ)F(\ell_1'\,\ell_2' s_1' s_2' J_1 J_2 L\Lambda;\ k'K'q'Q') \qquad (6\text{-}11)$$

和

$$F(\ell_1\,\ell_2 s_1 s_2 J_1 J_2 L\Lambda;\ kKqQ) = (\hat{\ell}_1\,\hat{\ell}_2 \hat{s}_1 \hat{s}_2 \hat{J}_1 \hat{J}_2 \hat{k}\hat{K})^{1/2}(-)^{\ell_1+L}$$
$$\cdot \sum_{\ell t}(l_1 l_2 00 \mid \ell 0)(lt0\Lambda \mid L\Lambda)(kKqQ \mid t\Lambda)$$
$$\cdot \begin{Bmatrix} i & I & s_1 \\ k & K & t \\ i & I & s_2 \end{Bmatrix}\begin{Bmatrix} \ell_1 & s_1 & J_1 \\ \ell & t & L \\ \ell_2 & s_2 & J_2 \end{Bmatrix} \qquad (6\text{-}12)$$

这些方程中的量如式（6-1）所示，除了

$$C\ (\Theta)\ =\ (4\pi)^{-1/2}\eta\csc^2\left(\frac{\Theta}{2}\right)\exp\left\{-2i\eta\ln\left[\sin\left(\frac{\Theta}{2}\right)\right]\right\} \qquad (6\text{-}13)$$

是描述相互作用的长程部分的库仑（卢瑟福）振幅，而 W 系数是相当于 6j 符号的 Racah 系数（见文献［6］）。

6.3　计算机代码

威尔顿/海斯（Welton/Heiss）的形式已经被反复地转变为计算机程序：

（1）TENMO at Oak Ridge（ORNL-4125）。

（2）FATSO（Seiler，Basel）[7]。

（3）FATSON（Seiler，Aulenkamp，Cologne）[7]。

（4）TUFO（Aulenkamp）：文献［8］。

（5）TUFXID and FATSONID（Hofmann，H. M.，Erlangen），[9]（针对入射道中的相同粒子）。

（6）专门研究自旋结构自旋-1 对自旋-1：TUFXDD and DD（Lemaître，Geiger，Cologne）；CORPOL（Ad’ yasevich et al.，Moscow）

这些程序使用户能够：

（1）得到完全矩阵元展开中复矩阵元素乘积和的前因子；

（2）预测矩阵元素值的任何可观测值；

（3）获得对测量观测预测的最小二乘拟合；

（4）检查与输入可观测值配合的质量。

这样一个项目已经进行能量低于 1.5 MeV 的两个 D+D 反应（D（d，n）^{3}He 反应为 0.5 MeV），并导致了未观察到的量的预测，如自旋相关性和五重抑制因子，这对在聚变能量应用中可能抑制不需要的中子很重要（见 14 章）

参考文献

[1] Welton, T. A. : In: Marion J. B. , Fowler, J. D. (eds.) Fast Neutron Physics II, p.1317. Wiley Interscience, New York(1963)

[2] Heiss, P. : Z. Physik 251, 159(1972)

[3] Lakin, W. : Phys. Rev.98, 139(1958)

[4] Barschall, H. H. , Haeberli, W. (eds.): In: Proceedings of the 3rd Internationl Symposium on Polarization Phenomena in Nuclear Reactions, Madison 1970, p. xxv. University of Wisconsin Press, Madison(1971)

[5] Lane, A. M. , Thomas, R. G. : Rev. Mod. Phys. 30, 257(1958)

[6] Brink, D. M. , Satchler, G. R. : Angular momentum. Oxford University Press, Oxford(1971)

[7] Seiler, F. : Comp. Phys. Comm. 6, 229(1974)

[8] Aulenkamp, H. : Diploma thesis, Universität zu Köln(1973, unpublished)

[9] Nyga, K. : Diploma thesis, Universität zu Köln(1985, unpublished)

第七章

带电粒子与中子引起的反应

电荷对称性和电荷独立性（同位旋守恒）及其可能的破缺问题一直很重要，这也是原子核中的上夸克和下夸克质量差异可能出现的一个领域。这种效应的例子是镜像核[1]的库仑能量差的 Nolen-Schiffer 反常和单重态$^1S_0$ 核子—核子相互作用的散射长度 a_{nn}，a_{pp}和 a_{np}之间的差异（最近的讨论见文献［2］）。当用质子引起核反应，并将其与中子引起的镜像反应进行比较时，在正确地减去相互作用的“微不足道”库仑部分后，在同位旋守恒下，其余的可观测值应该相等。这当然适用于所有的观测，也包括极化观测。因此，使用通常在特殊核反应中必须产生的极化中子（见第 10. 2 节）是非常重要的。例如对三粒子分裂反应^{2}H（p，pp）n 的深入研究和与^{2}H（n，nn）^{1}H 的比较，以及弹性散射反应^{2}H（p，p）^{2}H 和^{2}H（n，n）^{2}H 的比较。虽然中子引起反应在技术上更困难，而且一般来说比质子引起反应更不精确，但它们很重要，因为把长程库仑相互作用纳入“数值精确”的法捷耶夫（Faddeev）计算，直到最近才使带电粒子三体反应的现实研究得以实现。两者之间的比较不仅揭示了它们之间的差异，而且还揭示了它们与最先进的理论之间的差异，如介子交换或 EFT 法捷耶夫（Faddeev）类型的计算（最近关于这些低能差异的讨论见参考文献［3，4］）。

另一种观察同位旋不守恒的方法是寻找同位旋禁戒反应。最近的一个例子是发现该反应的截面≠0[5]

$$d+d\rightarrow\alpha+\pi^0$$

在包含最大 np 终态相互作用（即 np 相对能 $E_{np}=0$）的运动学构型中，研究了同位旋禁戒反应（如氘核分裂反应^{4}He（$\vec{d}$，pα）n 的极化观测。自旋-同位旋情况为：

$$\begin{array}{lcccc} \text{反应} & \vec{d} + {}^4\text{He} & \rightarrow & \overbrace{\text{pn}}^{d^*} + \alpha \\ \text{自旋} & 1 \quad 0 & & 0 \quad 0 \\ \text{同位旋} & 0 \quad 0 & & 1 \quad 0 \end{array}$$

这里，从（三重态）氘核 d（同位旋 0）到单态氘核 d^*（根据泡利原理同位旋 1）的跃迁是同位旋禁戒的。该反应的自旋结构是这样的，在该构型中，分析本领的（横向）张量 $\boldsymbol{A}_{yy}$ 是-1，与能量和角度[6]无关，因此是产物的灵敏展示。同位旋破缺的迹象已被发现，参见参考文献［7，8］。

参考文献

[1] Nolen, J. A. Jr., Schiffer, J. P. : Ann. Rev. Nucl. Sci. 19, 471(1969)

[2] Šlaus, I. : Nucl. Phys. A790, 199c(2007)

[3] Tornow, W. , Esterline, J. H. , Weisel, G. J. : Nucl. Phys. A790, 64c(2007)

[4] Sagara, K. : Few-Body Systems. 48, 59(2010)

[5] Stephenson, E. J. , Bacher, A. D. , Allgower, C. E. , Gårdestig, A. , Lavelle, C. M. , Miller, G. A. , Nann, H. , Olmsted, J. , Pancella, P. V. , Pickar, M. A. , Rapaport, J. , Rinckel, T. , Smith, A. , Spinka, H. M. , van Kolck, U. : Phys. Rev. Lett.9, 142302(2003)

[6] Jacobsohn, B. A. , Ryndin, R. M. : Nucl. Phys.24, 505(1961)

[7] Gaiser, N. O. , Darden, S. E. , Luhn, R. C. , Paetz gen. Schieck, H. , Sen, S. : Phys. Rev. C 38, 1119(1988)

[8] Niessen, P. , Lemaître, S. , Nyga, K. R. , Rauprich, G. , Reckenfelderbäumer, R. , Sydow, S. , Paetz gen. Schieck, H. , Doleschall, P. : Phys. Rev. C 45, 2570 (1992)

第八章

极化H和D离子源和靶

8.1 物理基础：总体介绍

斯特恩-格拉赫（Stern-Gerlach）实验[1]首次展示了角动量的量子化，更准确地展示了一种后来被称为电子自旋的新自由度的量子化①。观测结果包括 Ag 原子束在非均匀磁场中的空间劈裂（见图 8-1）。经典的预期是磁偶极子（磁矩）的能量将表现为一个连续的能量分布

$$W = -\boldsymbol{\mu}\boldsymbol{B} = -\mu B\cos\theta \tag{8-1}$$

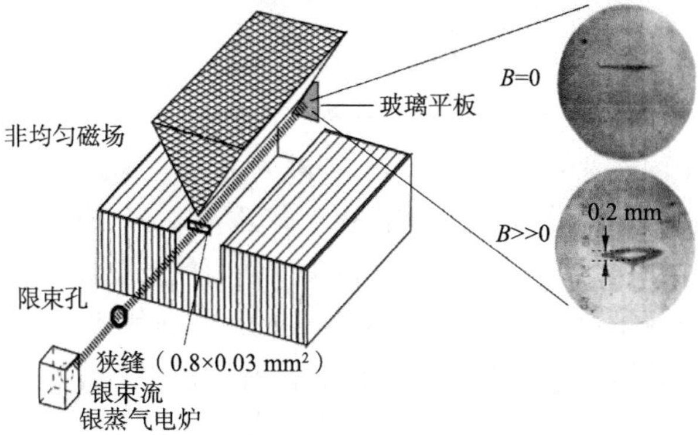

图 8-1　经典的斯特恩-格拉赫实验的设置和结果

① 然而，这种解释是在 1927 年[2]才提出的，也就是古德斯米特和乌伦贝克发现电子[3]半值自旋的证据两年之后。这种延迟可以归因于斯特恩和格拉赫测量了氩原子的磁矩的大小，大约为 1 μ_B[4]，适用于轨道角动量 1 $\hbar$，但缺少第三个分量。另一方面，系数 2 补偿了自旋$\frac{1}{2}\hbar$的系数 1/2。

这样的磁铁会在非均匀的磁场中产生力

$$F = -\nabla W = -\mu \nabla | B | \quad (8\text{-}2)$$

在斯特恩-格拉赫（Stern Gerlach）实验中，两个离散的能量值出现，引起了上、下 Ag 束流斑点的偏转：量子力学偶极子的表现与经典偶极子完全不同。

这种现象最好通过观察磁场中磁矩的能量来描述[7]。通过测量这样一个系统在磁场中的能量，会发现它与 B 成正比。比例系数称为场方向的分量 m_J（“量化方向”）。测量单位分别是一个玻尔磁子或一个核磁子 μ_B 或 μ_N，因此，属于电子自旋 J 或核自旋 I 的磁矩是

$$\boldsymbol{\mu}_J = g_J\mu_B J \text{ 或 } \boldsymbol{\mu}_I = g_I\mu_N I \quad (8\text{-}3)$$

和（以米·千克·秒（MKS）单位制）

$$\boldsymbol{\mu}_B = \frac{e\hbar}{2m_0} = 9.27 \cdot 10^{-24}\ \text{J/T};\ \boldsymbol{\mu}_N = \frac{e\hbar}{2m_p} = 5.05 \cdot 10^{-27}\ \text{J/T} \quad (8\text{-}4)$$

其中 m_0 和 m_p 分别是电子和质子的质量。有一个重要的惯例：对于正电荷粒子 $g>0$ 的自旋和磁矩矢量是平行的，对于负电荷粒子（例如电子）它们是反平行的。g 是结构相关的因子（通常称为朗德（Landé）因子）。另一个量，“旋磁比”γ 通常定义为：

$$\boldsymbol{\mu}_s = \gamma_S \boldsymbol{S} \quad (8\text{-}5)$$

磁场 $\boldsymbol{B}$ 中自旋状态 $\boldsymbol{S}$ 的能量为：

$$\boldsymbol{W} = -\boldsymbol{\mu B} = -\boldsymbol{\mu}\left(\frac{S_z}{S}\right)\boldsymbol{B}\ \text{(classical)}\ \boldsymbol{W} = g_S \boldsymbol{\mu}_B \boldsymbol{S}\hbar\boldsymbol{B}\ \text{(q. m., resp.)} \quad (8\text{-}6)$$

在磁场中具有自旋 $\boldsymbol{S}$ 的系统分裂成 $2S+1$ 分量（=取向的可能性），磁量子数为 $-S \leqslant m_S \leqslant S$。对于氢原子，这是精细结构（“***FS***”）塞曼效应。这就是在斯特恩-格拉赫实验中观察到的情况。在非均匀磁场中，作用于这些分量的力是不同的，特别是依赖于 m_S 的符号。这是用于自旋态空间分离的“自旋过滤”的原理。对于实际的应用，例如，对于需要高束流强度的极化原子/离子源，一维分离的斯特恩-格拉赫排列已被具有旋转对称性的系统所取代，例如多极场。用这些和隔膜来消除错误的成分和传输需要的态，斯特恩-格拉赫过滤器起到了近乎完美的极化仪作用。例如，在无限强磁场中，原子的电子自旋 J 的 $m_J = +\frac{1}{2}$ 的分量在 J 中为约 100%极化。只要束流中的粒子速度足够低这就可以实现。现有的磁体可以完全分离两个自旋分量，部分束流的宽度足够小到可以被分开（宽度是原子速度分布的结果，因此是温度的函数）。

有趣的是，通过这种自旋分离磁体系统结合隔膜和束流停止，费曼在他的讲

座[7]（另见文献［8］）中介绍了投影的形式，建立了量子系统的基本性质。

由于核自旋 $I=0$ 的核 $\boldsymbol{\mu}_I$ 值较小，自旋分量的分离更加复杂，必须利用超精细结构（HFS）及其塞曼效应。这里我们有一个由两个自旋的系统（核自旋 i 和电子自旋 J）在磁场中耦合到 $\boldsymbol{F}=\boldsymbol{I}+\boldsymbol{J}$。有两个限制性情况是：

（1）极弱的磁场 $\boldsymbol{B}\to 0$，$\boldsymbol{I}$ 和 $\boldsymbol{J}$ 与 $\boldsymbol{F}$ 有强耦合。$\boldsymbol{F}$ 和 m_F 是好量子数且 $m_F=m_I+m_J$，$|I-J|\leqslant F\leqslant I+J$。能量特征值与 $\boldsymbol{FS}$ 相似即与 $\boldsymbol{B}$ 成正比。

（2）非常强的磁场 $\boldsymbol{B}\to\infty$ $(\boldsymbol{\mu}_B\boldsymbol{B}\gg\Delta W_{\mathrm{HFS}})$。$\boldsymbol{I}$ 和 $\boldsymbol{J}$ 是退耦的，$\boldsymbol{F}$ 不是一个好量子数，相反 $\boldsymbol{I}$，$\boldsymbol{J}$，$\boldsymbol{\mu}_I$ 和 $\boldsymbol{\mu}_J$ 是好量子数（帕邢-巴克效应）。由于 $\boldsymbol{\mu}_J\gg\boldsymbol{\mu}_I$，能量分裂基本上是由 $\Delta \boldsymbol{W}_J=q_J\boldsymbol{\mu}_B(m_J/\hbar)\boldsymbol{B}$ 给出的，而 $\Delta\boldsymbol{W}_I=\boldsymbol{g}_I\boldsymbol{\mu}_N(m_I/\hbar)\boldsymbol{B}$ 只是一个小的分裂校正。

（3）对于中间磁场的一般情况，必须明确求解耦合系统的薛定谔方程。

8.2 超精细结构

8.2.1 氢原子的超精细结构（HFS）

图 8-2 展示了氢原子的能级。超精细结构是由电子自旋 $\boldsymbol{J}=\frac{1}{2}$ 和核自旋 $\boldsymbol{I}=\frac{1}{2}$（$\boldsymbol{I}=1$ 为氘）耦合到总角动量 $\boldsymbol{F}=\boldsymbol{I}+\boldsymbol{J}$ 和状态矢量 $|\boldsymbol{F},\ m_F\rangle$ 产生的。特征值方程式如下：

$$\boldsymbol{H}_{\mathrm{HFS}}|\boldsymbol{F},\ m_F\rangle=E_F|\boldsymbol{F},\ m_F\rangle \tag{8-7}$$

其中①

$$H_{\mathrm{HFS}}=a(\boldsymbol{IJ}) \tag{8-8}$$

对于 $\boldsymbol{IJ}=\frac{1}{2}[\boldsymbol{F}(\boldsymbol{F}+1)-\boldsymbol{I}(\boldsymbol{I}+1)-\boldsymbol{J}(\boldsymbol{J}+1)]$ 如下：

$$\boldsymbol{E}_F=\frac{a\hbar^2}{2}\left[\boldsymbol{F}(\boldsymbol{F}+1)-\boldsymbol{I}(\boldsymbol{I}+1)-\frac{3}{4}\right] \tag{8-9}$$

并且超精细结构分裂变为

$$\Delta\boldsymbol{W}=\boldsymbol{E}_{F=I+\frac{1}{2}}-\boldsymbol{E}_{F=I-\frac{1}{2}}=a\hbar^2\left(\boldsymbol{I}+\frac{1}{2}\right)=a\hbar^2\cdot\begin{cases}\cdot\dfrac{3}{2} & \text{对于 D}\\ \cdot 1 & \text{对于 H}\end{cases} \tag{8-10}$$

① 较小的和不同的项，如 HFS 哈密顿量中的四极相互作用，在这里被忽略了。

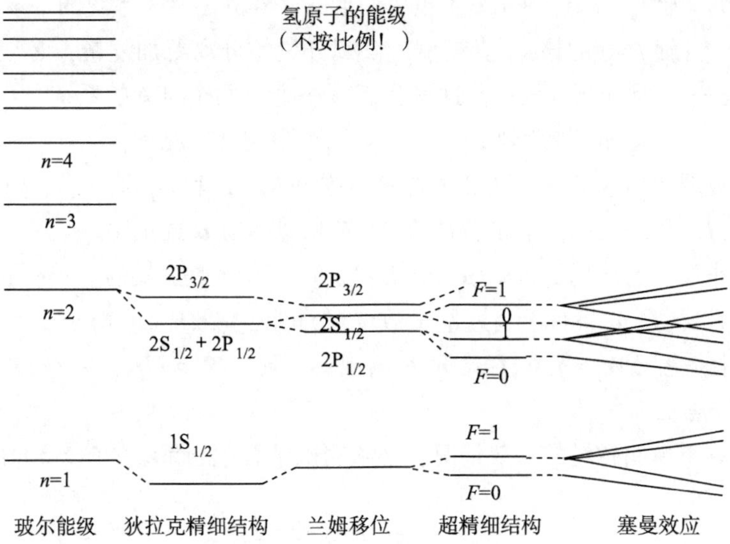

图 8-2　氢原子的能级（不成比例!）

8.2.2　在磁场中的超精细结构（HFS）（塞曼效应）

对于任意的中间磁场，扩展为具有“好”量子数的状态是很有用的，例如在非常弱的磁场或非常强的磁场中。在这里，因为对核极化很感兴趣，所以最好扩展到$|\boldsymbol{I}m_I\rangle\ |\boldsymbol{J}m_J\rangle \equiv |m_J,\ m_I\rangle$。

根据矢量耦合的规则，得到

$$m_F=m_I+m_J+|m_J,\ m_I\rangle=|m_J,\ m_F-m_J\rangle \tag{8-11}$$

特别是对于$m_J\pm\frac{1}{2}$：$|m_J,\ m_I\rangle=\left|\frac{1}{2},\ m_F\mp\frac{1}{2}\right\rangle$。总哈密顿量如下：

$$H=H_{原子核}+H_{电子}+(\boldsymbol{\gamma}_I m_I+\boldsymbol{\gamma}_J m_J)\boldsymbol{B}_0+a\ (\boldsymbol{IJ})\ (+H_{\text{quad.}}) \tag{8-12}$$

以下关系在此非常有用：

$$\boldsymbol{IJ}=\boldsymbol{I}_z\boldsymbol{J}_z+\frac{1}{2}(\boldsymbol{I}_+\boldsymbol{J}_-+\boldsymbol{I}_-\boldsymbol{J}_+)+ \tag{8-13}$$

$$\langle jm\pm1|\boldsymbol{J}_\pm|jm\rangle=[(j\pm m+1)(j\mp m)]^{1/2} \tag{8-14}$$

因此

$$\boldsymbol{H}=\begin{pmatrix}H_{11} & H_{12}\\ H_{21} & H_{22}\end{pmatrix}\text{矩阵元素：} \tag{8-15}$$

$$H_{11}=\left\langle\frac{1}{2},\ m_F-\frac{1}{2}\right|\boldsymbol{H}\left|\frac{1}{2},\ m_F-\frac{1}{2}\right\rangle=\frac{1}{2}\left[(\boldsymbol{\gamma}_J+\boldsymbol{\gamma}_I)\boldsymbol{B}\hbar+a\hbar^2\left(m_F-\frac{1}{2}\right)\right]$$

$$=\frac{\Delta\boldsymbol{W}}{2}\left[(\boldsymbol{\gamma}_J+\boldsymbol{\gamma}_I)\frac{\boldsymbol{B}\hbar}{\Delta\boldsymbol{W}}+\frac{\left(m_F-\frac{1}{2}\right)}{\left(\boldsymbol{I}+\frac{1}{2}\right)}\right] \tag{8-16}$$

$$H_{22}=\left\langle-\frac{1}{2},\ m_F+\frac{1}{2}\right|\boldsymbol{H}\left|-\frac{1}{2},\ m_F+\frac{1}{2}\right\rangle=-\frac{1}{2}\left[(\boldsymbol{\gamma}_J+\boldsymbol{\gamma}_I)\boldsymbol{B}\hbar+a\hbar^2\left(m_F+\frac{1}{2}\right)\right]$$

$$=-\frac{\Delta\boldsymbol{W}}{2}\left[(\boldsymbol{\gamma}_J+\boldsymbol{\gamma}_I)\frac{\boldsymbol{B}\hbar}{\Delta\boldsymbol{W}}+\frac{\left(m_F+\frac{1}{2}\right)}{\left(\boldsymbol{I}+\frac{1}{2}\right)}\right] \tag{8-17}$$

$$H_{12}=H_{21}=\frac{a\hbar^2}{2}\sqrt{\left(\boldsymbol{I}+\frac{1}{2}\right)^2-m_F^2}=\frac{\Delta\boldsymbol{W}}{2}\sqrt{\left(\boldsymbol{I}+\frac{1}{2}\right)^2-m_F^2}\Big/\left(\boldsymbol{I}+\frac{1}{2}\right) \tag{8-18}$$

特征值是特征方程的根：

$$\begin{vmatrix}H_{11}-\boldsymbol{\lambda}_\pm & H_{12}\\ H_{12} & H_{22}-\boldsymbol{\lambda}_\pm\end{vmatrix}=0,\ \text{i. e.}\ \ \lambda_\pm^2-\lambda_\pm(H_{11}+H_{22})+(H_{11}H_{22}-H_{12}^2)=0 \tag{8-19}$$

以布雷特-拉比（Breit-Rabi）方程[9]作为解：

$$\boldsymbol{\lambda}_\pm=\boldsymbol{E}_{F=I\pm\frac{1}{2}}=-\frac{\Delta\boldsymbol{W}}{2}\left[\frac{1}{2\boldsymbol{I}+1}-\underbrace{\frac{\boldsymbol{\gamma}_I\boldsymbol{B}m_F}{\Delta\boldsymbol{W}/2}}_{\text{小}}\pm\sqrt{1+\frac{4m_F}{2I+1}x+x^2}\right] \tag{8-20}$$

其中 $x=(g_J-g_I)\boldsymbol{B}/\Delta\boldsymbol{W}\approx g_J\boldsymbol{B}/\Delta\boldsymbol{W}=\boldsymbol{B}/\boldsymbol{B}_{\text{crit}}$。由于核磁矩与电子磁矩相比很小，在实际应用中常常忽略 g_I 或 $\boldsymbol{\gamma}_I$。

参数 x 是磁场（无量纲），以 HFS 分裂 $\boldsymbol{B}_{\text{crit}}=\Delta\boldsymbol{W}/(g_J-g_I)\hbar\approx\Delta\boldsymbol{W}/g_J\hbar$ 对应的磁场单位测量，允许 HFS 的塞曼效应只依赖于自旋结构。图 8-3 展示了 $J=1/2$，$I=1/2$（例如 H）的能级图和 $J=1/2$；$I=1$（例如 D）的能级图。

特征矢量的确定（即不同 HFS 态的波函数）：定义：$(\boldsymbol{H}-\boldsymbol{\lambda}_\pm)\boldsymbol{\psi}_\pm=0$。根据定义，函数 $\boldsymbol{\psi}$ 是基矢量 $\left|1\pm\frac{1}{2},\ m_F\mp\frac{1}{2}\right\rangle$ 的线性组合：

$$|\boldsymbol{\psi}_\pm\rangle=\alpha_\pm\left|\frac{1}{2},\ m_F-\frac{1}{2}\right\rangle+\beta_\pm\left|-\frac{1}{2},\ m_F+\frac{1}{2}\right\rangle \tag{8-21}$$

利用归一化条件 $|\alpha_\pm|^2+|\beta_\pm|^2=1$ 和正交性条件 $\langle\psi_+|\psi_-\rangle=0$，其解来自：

$$\begin{pmatrix}H_{11}-\boldsymbol{\lambda}_\pm & H_{12}\\ H_{12} & H_{22}-\boldsymbol{\lambda}_\pm\end{pmatrix}\begin{pmatrix}\alpha_\pm\\ \beta_\pm\end{pmatrix}=\begin{pmatrix}0\\0\end{pmatrix}. \tag{8-22}$$

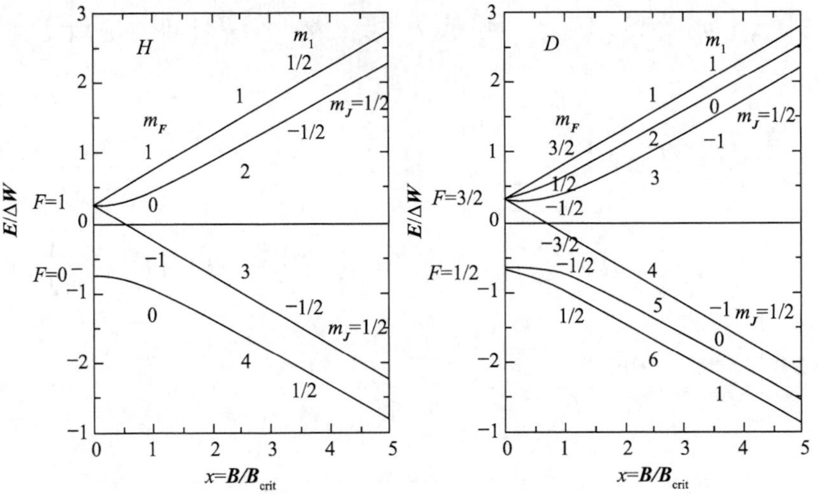

图 8-3　具有 $J=1/2$ 系统的超精细结构的塞曼分裂（Breit-Rabi 图）

$I=1/2$（例如 H）和一个具有 $J=1/2$ 的系统；$I=1$（例如 D）作为磁场参数 $x=\boldsymbol{B}/\boldsymbol{B}_{\text{crit}}$ 的函数。

这些状态通常以最高能量的状态开始连续编号。

例如：对于氘的第三塞曼态可以得到

$$\lambda_+ = E_3 = -\frac{\Delta \boldsymbol{W}}{2}\left(\frac{1}{3} - \sqrt{1-\frac{2}{3}x+x^2}\right) \quad 同时 \tag{8-23}$$

$$|\psi_3\rangle = |\psi_+\rangle = c\left|\frac{1}{2},\ -1\right\rangle + d\left|-\frac{1}{2},\ 0\right\rangle \quad 并且 \tag{8-24}$$

$$c = \frac{1}{\sqrt{2}}\left[1+\left(x-\frac{1}{3}\right)\Big/\sqrt{1-\frac{2}{3}x+x^2}\right]^{1/2} \tag{8-25}$$

和

$$d = \frac{1}{\sqrt{2}}\left[1-\left(x-\frac{1}{3}\right)\Big/\sqrt{1-\frac{2}{3}x+x^2}\right]^{1/2} \tag{8-26}$$

其他态也是如此。

8.2.3　氢原子的塞曼分裂

再次从上到下对 4 个塞曼态进行编号，得到特征值

$$\boldsymbol{E}_1 = \frac{\Delta \boldsymbol{W}}{2}\left[-\frac{1}{2} + (1+x)\right] \tag{8-27}$$

$$\boldsymbol{E}_2 = \frac{\Delta \boldsymbol{W}}{2}\left[-\frac{1}{2} + \sqrt{1+x^2}\right] \tag{8-28}$$

$$E_3=\frac{\Delta W}{2}\left[-\frac{1}{2}+（1-x）\right] \tag{8-29}$$

$$E_4=\frac{\Delta W}{2}\left[-\frac{1}{2}-\sqrt{1+x^2}\right] \tag{8-30}$$

并且波函数中

$$a'=\frac{x}{\sqrt{1+x^2}} \tag{8-31}$$

$$|1\rangle=\left|\frac{1}{2},\ \frac{1}{2}\right\rangle \tag{8-32}$$

$$|2\rangle=\frac{1}{\sqrt{2}}\left(\sqrt{1+a'}\ \left|\ \frac{1}{2},\ -\frac{1}{2}\right)+\sqrt{1-a'}\left|-\frac{1}{2},\ \frac{1}{2}\right\rangle\right) \tag{8-33}$$

$$|3\rangle=\left|-\frac{1}{2},\ -\frac{1}{2}\right\rangle \tag{8-34}$$

$$|4\rangle=\frac{1}{\sqrt{2}}\left(\sqrt{1-a'}\left|\frac{1}{2},\ -\frac{1}{2}\right\rangle-\sqrt{1+a'}\left|-\frac{1}{2},\ \frac{1}{2}\right\rangle\right) \tag{8-35}$$

同样，$x=\boldsymbol{B}/\boldsymbol{B}_{\mathrm{crit}}$，对于三个相关态，$\boldsymbol{B}_{\mathrm{crit}}$和 $\Delta\boldsymbol{W}$ 的值见表 8-1。

表 8-1

相关态	B_{crit}/mT	ΔW/MHz 相关态表 1
$1S_{1/2}$	50. 7	1 420
$2P_{1/2}$	2. 1	60
$2S_{1/2}$	6. 4	178

8. 2. 4　氘原子的塞曼分裂

这 6 个态的特征值（同样编号如上所述）为

$$E_1=\frac{\Delta W}{2}\left[-\frac{1}{3}+(1+x)\right] \tag{8-36}$$

$$E_2=\frac{\Delta W}{2}\left[-\frac{1}{3}+\sqrt{1+\frac{2}{3}x+x^2}\right] \tag{8-37}$$

$$E_3=\frac{\Delta W}{2}\left[-\frac{1}{3}+\sqrt{1-\frac{2}{3}x+x^2}\right] \tag{8-38}$$

$$E_4=\frac{\Delta W}{2}\left[-\frac{1}{3}+(1-x)\right] \tag{8-39}$$

$$\boldsymbol{E}_5=\frac{\Delta \boldsymbol{W}}{2}\left[-\frac{1}{3}-\sqrt{1-\frac{2}{3}x+x^2}\right] \tag{8-40}$$

$$\boldsymbol{E}_6=\frac{\Delta \boldsymbol{W}}{2}\left[-\frac{1}{3}-\sqrt{1+\frac{2}{3}x+x^2}\right] \tag{8-41}$$

并且相应的波函数中：

$$a=\frac{x+\frac{1}{3}}{\sqrt{1+\frac{2}{3}x+x^2}} \text{和 } b=\frac{x-\frac{1}{3}}{\sqrt{1-\frac{2}{3}x+x^2}} \tag{8-42}$$

$$|1\rangle=\left|\frac{1}{2},\ 1\right\rangle \tag{8-43}$$

$$|2\rangle=\frac{1}{\sqrt{2}}\left(\sqrt{1+a}\left|\frac{1}{2},\ 0\right\rangle+\sqrt{1-a}\left|-\frac{1}{2},\ 1\right\rangle\right) \tag{8-44}$$

$$|3\rangle=\frac{1}{\sqrt{2}}\left(\sqrt{1+b}\left|\frac{1}{2},\ -1\right\rangle+\sqrt{1-b}\left|-\frac{1}{2},\ 0\right\rangle\right) \tag{8-45}$$

$$|4\rangle=\left|-\frac{1}{2},\ -1\right\rangle \tag{8-46}$$

$$|5\rangle=\frac{1}{\sqrt{2}}\left(\sqrt{1-b}\left|\frac{1}{2},\ -1\right\rangle-\sqrt{1+b}\left|-\frac{1}{2},\ 0\right\rangle\right) \tag{8-47}$$

$$|6\rangle=\frac{1}{\sqrt{2}}\left(\sqrt{1+a}\left|-\frac{1}{2},\ 1\right\rangle-\sqrt{1-a}\left|\frac{1}{2},\ 0\right\rangle\right) \tag{8-48}$$

三个相关态表 2 见表 8-2。

表 8-2 相关态表 2

相关态	$\boldsymbol{B}_{crit}$/mT	$\Delta \boldsymbol{W}$/MHz
$1S_{1/2}$	11.7	327
$2P_{1/2}$	0.5	14
$2S_{1/2}$	1.5	41

8.2.5 极化的计算

对于计算具有核自旋和电子自旋耦合的系统的（电子或核）极化，计算每个塞曼分量的极化并取所有占据分量的加权平均是很有用的，如图 8-4 所示。用

于极化仪算的塞曼态（场相关）占有数是这些态振幅的平方。对极化的一般定义为

$$p^{*}=\frac{N_{+}-N_{-}}{N_{+}+N_{-}}\text{（氢原子）}\tag{8-49}$$

$$p^{*}=\frac{N_{+}-N_{-}}{N_{+}+N_{-}+N_{0}}\tag{8-50}$$

$$p_{zz}^{*}=\frac{N_{+}+N_{-}-2N_{0}}{N_{+}+N_{-}+N_{0}}\text{（氘原子）}\tag{8-51}$$

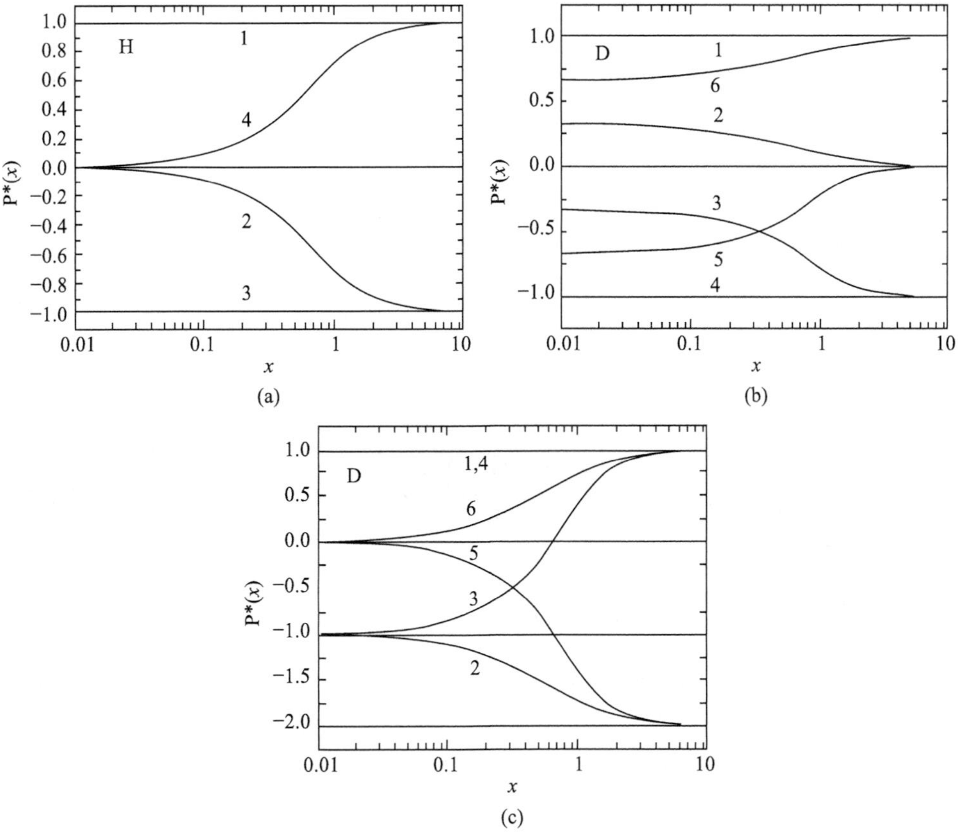

图 8-4　氢和氘的每个塞曼成分的极化

态按以往一样编号见图 8-3。在不同塞曼态下的粒子群（如束流）的极化是通过对所有被占据的分量进行加权平均得到的。

符号 * 表示相对于态的量子化轴的极化（通常是离子发生器处的磁场方向）。它是一个独立于坐标系统的量，也是“品质因子”的一部分，例如源或靶等极化粒子集合的“品质”（真品质因子是——由于统计学的原因，即在给定精

度下，在最小测量时间内应该最大化的量——强度或密度乘以极化度的平方）。如果 z 轴与量子化轴重合且等于绝对最大极化，则它与所考虑的极化成分的 z（或 zz）分量相同。因此这些量有时会用大写字母写成 p_Z，p_{ZZ}。这种情况下的密度矩阵以对角线的形式出现。在转动条件下，“极化”的分量根据其张量特征表现出来，具有适当的转动函数（球谐波、勒让德多项式或函数），例如矢量极化 $\boldsymbol{p}$ 作为一阶张量，具有 P_1（$\cos\beta$）或者 P_1^1（$\cos\beta$）。

例子对于 H，假设状态 $|1\rangle$ 和 $|2\rangle$ 被占用，例如在一个斯特恩-格拉赫磁铁后面，那么核自旋占有数如下：

$$N_{+\frac{1}{2}}(\boldsymbol{I})=\frac{1}{2}\left[1+\frac{1}{2}(1-a')\right]=\frac{1}{2}\left(\frac{3}{2}-\frac{1}{2}\frac{x}{\sqrt{1+x^2}}\right) \tag{8-52}$$

$$N_{-\frac{1}{2}}(\boldsymbol{I})=\frac{1}{2}\left[\frac{1}{2}(1+a')\right]=\frac{1}{4}\left(1+\frac{x}{\sqrt{1+x^2}}\right) \tag{8-53}$$

由此得到了极限情况：

$$x\rightarrow 0\text{ 时：}N_{+\frac{1}{2}}=\frac{3}{4} \tag{8-54}$$

$$N_{-\frac{1}{2}}=\frac{1}{4}p^*(\boldsymbol{I})=\frac{1}{2} \tag{8-55}$$

$$x\rightarrow \infty\text{时：}N_{+\frac{1}{2}}=\frac{1}{2} \tag{8-56}$$

$$N_{-\frac{1}{2}}=\frac{1}{2}p^*(\boldsymbol{I})=0 \tag{8-57}$$

对于电子极化，同样的结论也给出了：

$$N_{+\frac{1}{2}}(\boldsymbol{J})=\frac{1}{2}\left[1+\frac{1}{2}(1+a')\right]=\frac{1}{2}\left(\frac{3}{2}+\frac{1}{2}\frac{x}{\sqrt{1+x^2}}\right) \tag{8-58}$$

$$N_{-\frac{1}{2}}(\boldsymbol{J})=\frac{1}{2}\left[\frac{1}{2}(1-a')\right]=\frac{1}{4}\left(1-\frac{x}{\sqrt{1+x^2}}\right) \tag{8-59}$$

因此 $x\rightarrow 0$ 时：$p^*(\boldsymbol{J})=\dfrac{1}{2}$并且 $x\rightarrow\infty$时：$p^*(\boldsymbol{J})=1$。

在从强磁场到弱磁场的绝热转变过程中，强斯特恩-格拉赫场的完全电子极化通过超精细相互作用分布在以前未极化的核上，从而使它们随后都是部分极化的（对于 H：每个半极化）。

（“绝热”指单位时间磁场与拉莫尔（Larmor）频率的相对变化较小：$dB/(B\mathrm{d}t)\ll\omega_\mathrm{L}=\gamma B$，即$\mathrm{d}B/\mathrm{d}t\ll\gamma B^2$）

下面给出了计算不同工作模式下束流极化（来自一个源）的进一步例子。

基态原子束源中 HFS 态的斯特恩-格拉赫分离：HFS 态的分离强度由作用于“有效磁场矩”的非均匀磁场的力给出。定义为场强 $\boldsymbol{B}$ 后，由布雷特-拉比公式（见式（8-60））给出的能量 $W(B)$ 的导数：

$$\boldsymbol{F}=-\nabla W_{F,m_F}=-\frac{\partial W}{\partial B}\nabla B=\boldsymbol{\mu}_{\text{eff}}\nabla B \tag{8-60}$$

只有“纯”分量是 $\mu_{\text{eff}}=\mu_{\text{B}}$。因此，根据 m_J 的分离只适用于较大的 $\boldsymbol{B}$。图 8-5展示了塞曼分量的作为磁场函数的有效磁矩。为了提高束流强度，实际应用中采用了圆柱对称的二维多极场（四极场或六极场）中塞曼分量的分离。Clausnitzer 等人[10,11]首先提出了构建极化离子源的原理，例如用于加速器，与使用核反应作为极化粒子的主源相比，可以在高束流品质下获得更高的强度，并完全控制极化参数。由这种极化束源引发的第一个核反应[12]是在 $E_{\text{d}}=107$ keV 的共振 ^{3}H（$\vec{\text{d}}$，n）^{4}He 反应，这是第一次极化会议[13]的场合巴塞尔。

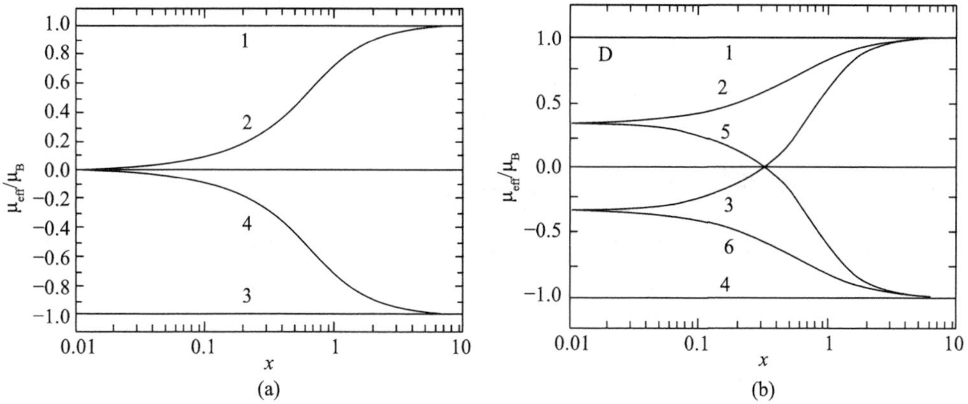

图 8-5　在具有 $x=B/B_{\text{crit}}$ 的非均匀磁场中，H 和 D 的 HF 分量的“有效”磁矩以 μ_B 为单位

力对磁矩的径向相关性由 r^{L-2} 给出（L=磁场多极阶）。因此，四极场中的力是恒定的，六极场中的力在 r 中是线性的。在六极中，有一个像透镜一样的聚焦作用在一个自旋组件上，而另一个是被散焦的。因此一种自旋磁矩光学具有类似于电场中带电粒子光学的束输运、相空间、发射度、接受度等特征，可以定义并用于优化斯特恩-格拉赫系统（匹配）。但是请注意，六极在轴上不提供状态分离，而对于四极，状态分离力与 r 是一致的但没有聚焦。由于几个原因（其中包括更好的抽运、为中间射频跃迁留出空间的要求以及为优化原子束光学的更高灵活性）现代基态原子束极化离子源（ABS）使用的不是一个，而是一批自旋分离

磁铁。建议使用四极磁体作为第一磁体，从而导致更好的自旋态分离和更高的极化。表征 ABS 的主要量是极化 p、束流强度 I，还有束流品质（“亮度” =单位横向发射度的束流强度）。从最小化实验中给定的统计误差的测量时间的观点来看，品质因子是 p^2I，它对矢量和张量极化分量有效。当中性束流在强磁场中电离时，离子束获得横向动量从而增加横向相空间，即发射度。因此，通常的原子束源（ABS）的发射度（通常为 2 cm rad（eV）$^{1/2}$）大约是兰姆位移（LSS）和碰撞束（CBS）源（通常是<1 cm rad（eV）$^{1/2}$）的两倍。

通过上述概述，可以理解常见类型的极化离子源的原理。以下包括：

（1）基态原子束源（ABS）。它们与原子束电离的方式不同：

①电子轰击和电子回旋共振（ECR）离子发生器。

②具有 Cs^0、H 或 D 的碰撞束流的离子发生器。

③光抽运离子源。

（2）兰姆移位极化离子源（LSS）

如图 8-3 所示在非均匀磁场 $\boldsymbol{B}$ 中，偏转力为 $\boldsymbol{\mu}_{\text{eff}}\cdot\nabla|\boldsymbol{B}|$

8.3 基态原子束源（ABS）的物理和技术

8.3.1 氢（H）和氘（D）基态原子束的产生

为了产生不同设计的 H/D 分离器的原子束流，我们使用了所有基于射频（RF）激发的方法。原子束强度取决于许多参数：气体压力和气体通量、射频功率、表面复合率及其温度以及束内散射过程。经过多年的发展（自 1965 年以来），最优设计方案已经发展，将在这里描述。

8.3.2 分离器，束流形成和调节

8.3.2.1 射频放电分离器

现在已经发展了两种分离器。在这两种情况下，都使用了由射频场激发的气体放电。经典的方法是使用圆柱形耐热玻璃或石英容器，氢气（H_2）或氘气（D_2）从一端输入，H 或 D 原子从另一端输出。放电由玻璃瓶周围的线圈（磁耦合）保持，通常在高达 200 W 的射频功率下以约 13 MHz 运行。通过匹配电路来实现放电组件与功率振荡器的适当匹配。原子处于或略高于室温，并通过喷嘴形成束流，喷嘴通常由铝制成，管（有时呈锥形）长 8~20 mm，孔宽 2~3 mm。它们的速度分布并不是纯粹的麦克斯韦式的，但由于喷嘴的作用面有点窄。喷嘴被

冷却到50~100 K的范围内，或者在不同的模式下被冷却到约30 K。由于一系列的原因，冷却是必不可少的。射束的强度由几个参数决定：在一定的压力范围内，气体供应应尽可能高，放电燃烧最好。然而，这个极限是由抽运速度来设定的，在这个泵抽速度下，喷嘴后的空间可以保持在一个如此低的压力，以至于平均自由路径足够长，以避免或至少最小化原子的束内散射。这些条件受到泵送可用空间小的限制，从而限制了电导率，即该空间内的有效抽运速度。差动抽运被采用，通过撇光器可以实现更好的束流品质。准直器是差动抽运的必要条件，并有助于保持分离磁体区域的高真空。一个典型的设置如图8-6所示。铜和铝喷嘴材料由于具有导热性而被采用，但由于内表面形成的层，因此选择并不是复合的关键。基于上述原因，多年来在最后一个分离磁体后面的相关区域中，观察到略高于10^{17} atom/s的极化原子束强度饱和。

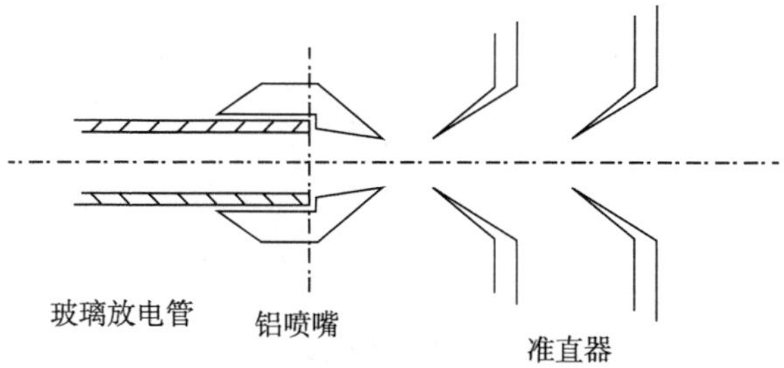

图8-6　典型的ABS源的喷嘴撇光器准直器布置

典型直径：喷嘴1 mm，撇光器1.5 mm

冷却分离器装置具有双重作用：首先必须冷却分离器容器，以防止玻璃加热（导致残余气体，并增加复合），其次必须将喷嘴冷却，以使原子变慢。其影响是由于束流密度$\rho=j/v$较高（j=束流粒子电流密度，v=粒子速度），使得进入分离磁体系统入口的接受度增加，磁体的分离能力提高，离子发生器的电离产额增加。一些模型表明，这些效应的总和正比于$T^{-3/2}$[14]。然而，由于速度分布不是麦克斯韦式的（实际分布更窄并且移位[15]），影响更为复杂，具体请看例如Singy等人的研究[14]。结果表明，冷却喷管温度远低于80 K会增加喷管表面的复合。特别是在45 K以下，复合急剧增加，导致输出束流强度严重下降。这可以通过向气体中加入氮气来部分补救。额外加入一些氧气似乎能改善电离度。

8.3.2.2　微波分离器

在德国电子同步加速器实验室HERMES合作组（HERMES/DESY）PIS，一种微波分离器已经被开发出来。在400~1 000 W的微波功率水平和射频频率下，可以增加气流[16]。

8.3.3 态分离磁铁：经典和现代设计

历史上，从斯特恩–格拉赫自旋分离磁铁在一维工作开始，只有在四极和六极磁铁提供的旋转对称磁场作用于二维时，才能获得更好的强度。永磁铁和电磁铁已经被使用，后者可以关闭非极化束。然而，现代设计的永磁铁（“哈尔巴赫（Halbach）”磁铁）的优势是，几乎所有的磁源都使用它们。

8.3.3.1 多极场

磁多极场的性质是：

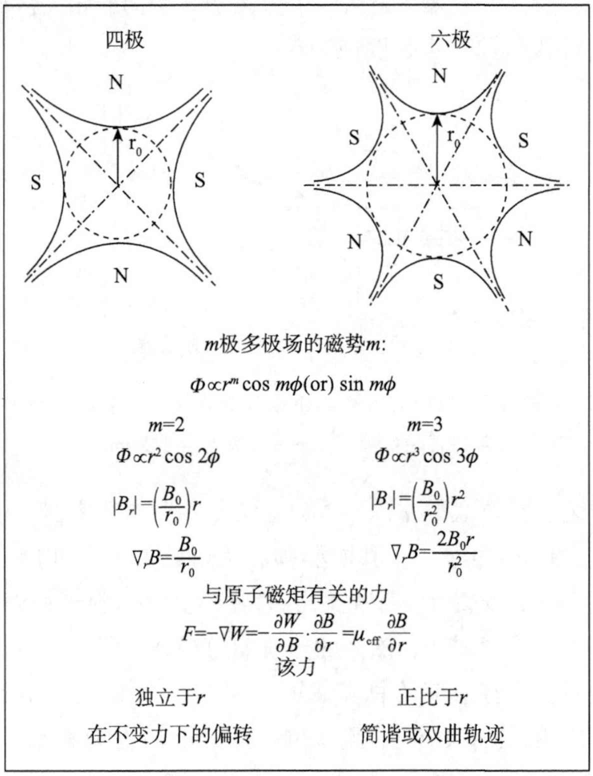

图 8-7 四极和六极场性质

只有六极场像光学透镜一样聚焦原子。自旋相反的原子被散焦。很明显，在六极轴上（在一个无穷小的体积中）没有自旋态分离，而在四极轴上分离力在整个体积中是恒定的。至少在原理上，这应该能保证比六极束流的极化度稍高一些。原子的较宽速度分布导致多极磁体的强烈色差。这可以通过使磁场沿 z 轴变细来部分抵消。

最初，多极磁铁—仅讨论永磁铁的设计—包括由永磁体组成的单独极点（如ALNICO V），最终以磁性软材料（如软铁或钒-铁钴磁性合金）的角极结束。一个软铁圆筒用来关闭磁路，典型的极尖磁场约为 1 T。图 8-8 展示了这种磁铁的截面图，该磁铁是非常紧凑的极化离子源的一部分，专门设计在单端 CN 范德格拉夫加速器和中心 $m_J=+1/2$ 原子的浓度[17,18]的极端条件下工作。使用旧的 MoO_3 技术展示了磁体对氢原子束的聚焦作用，MoO_3 是一种黄色的材料，被氢原子还原为黑色的 Mo，因此产生了原子分布的图像。

(a)　　(b)

图 8-8　长度为 25 cm（a）的“经典”永久六极磁体的截面和该磁体后面氢束的三氧化钼图像，展示中心 $m_J=+1/2$ 原子的浓度（b）

大约在 1980 年，一种新的多极磁铁[19]的设计出现了一些改进。除了可以在任意方向磁化的新型强磁性材料外，磁铁的表面积更小，放气更少，体积更小。哈尔巴赫 $2N$-极磁体由 M 段在变化方向磁化，在 $M/2N$ 段之后有一个相反方向的极片段（例如从 N 极到 S 极），它们之间的段具有倾斜的磁化方向。图 8-9[20]展示了典型的哈尔巴赫六极磁体切面和测量场分布。

最近，有人建议对哈尔巴赫的四极磁铁[21]进行改进，并在科隆[22]首次实现了六极磁铁。在这个设计中，极子的高场区域被软铁材料所取代，从而使场强线集中。第一个这样的六极子于 2003 年由“真空熔解”① 产生，并成功用于科隆 SAPIS 源项目[23,24]。实测的最大场强值并没有完全满足理论期望，但仍获得了

① VACUUMSCHMELZE GmbH & Co. KG, D-63412 Hanau. Materials used: VACODYM 633 HR, 677 HR, and VACOFLUX 50.

1.6 T，有改进的潜力。图 8-10 展示了科隆六极磁铁以及“麦格纳视图”（Magna View）胶片上的现场图像①。与此同时，还出现了其他的应用，例如用于聚焦冷脉冲中子[26]。

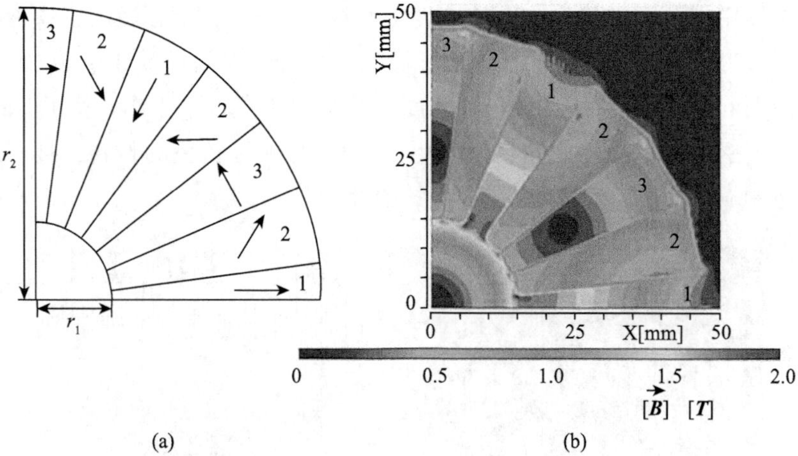

图 8-9　典型哈尔巴赫六极磁铁的切面和场分布[20]

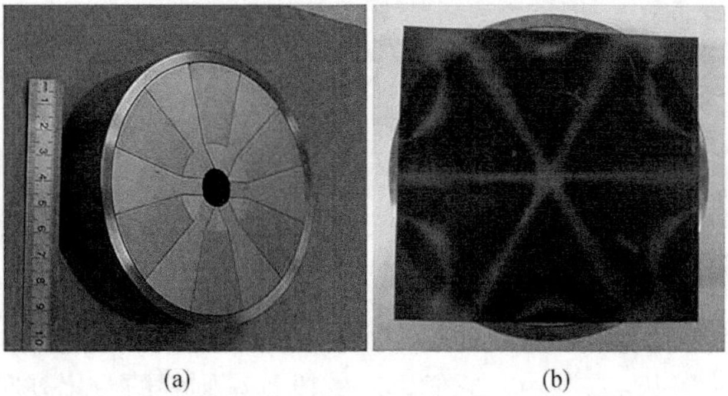

图 8-10　为 SAPIS-Colon 开发的改良型哈尔巴赫（“混合”）
六极磁铁，测量的最大场值为 1.6 T。右图展示通过“麦格纳视图胶片”获得的现场图像

在现代基态原子束极化离子源（ABS）中，使用了几个（通常是 4~6 个）分开的短六极的排列。磁体的磁场强度和位置是通过数值轨迹计算确定的，并考虑了其他要求，如最佳抽运和射频跃迁单元的插入。图 8-11 展示了其中一个计

① From Edmund Scientifific，http：//scientificsonline. com（2004）.

算结果。

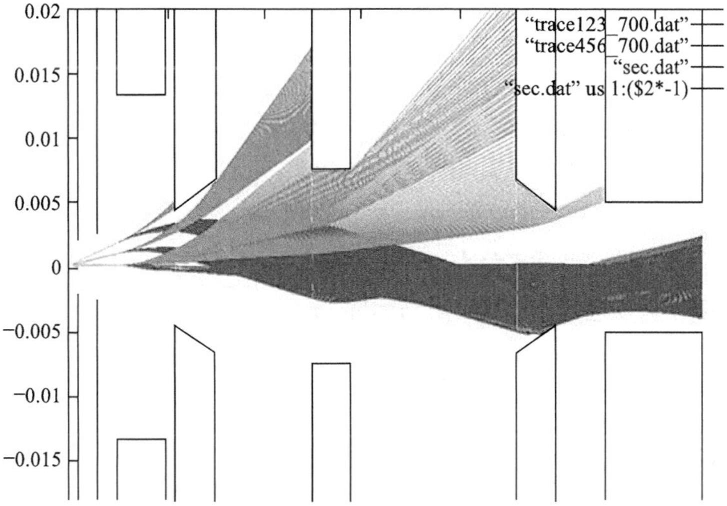

图 8-11 氘束通过一个四极磁束和三个四极磁体的优化轨迹计算结果

8.3.4 射频（RF）转换

经过斯特恩-格拉赫装置和在强磁场中（例如在电子轰击离子发生器中），束流中的粒子相对于价电子自旋高度极化，但在核自旋中几乎不极化。通过将原子绝热地引导到弱磁场的区域，可以获得具有最大值的一半（H）或三分之一（D）的核极化。对于更高的核极化，必须改变这些慢（亚热到热）原子束的超精细态的占有数。此外对于高强度，在强磁场中电离是必要的。大量数量和类型可能的射频跃迁以及几个跃迁单元的组合允许各种不同的（矢量和/或张量）极化以不同的组合和符号变化。因此，人们可以获得最大极化值、纯矢量和/或张量极化束的灵活性，以及在不改变束流几何形状的情况下改变极化符号的可能性，从而避免仪器不对称。

对于不同塞曼超精细态之间必要的射频跃迁，阿布拉甘姆（Abragam）和温特（Winter）[25]提出了绝热快速通道方法。它被用于所有 ABS 和极化束靶，并提供高极化（靠近横向最大）。由于场梯度的作用，跃迁与速度分布无关，共振容易找到并允许稳定运行。半经典图像可以说明这种跃迁：对于速度为 v 的原子来说，当束流通过一个从 $\boldsymbol{B}_0-\Delta\boldsymbol{B}$ 到 $\boldsymbol{B}_0+\Delta\boldsymbol{B}$ 线性变化的磁场时，共振在 $\boldsymbol{B}_0$，相应的射频频率 $\nu=\mu\boldsymbol{B}/h$。具有磁矩 μ_I 的自旋 I 具有相应的角速度 $\omega=2\pi v$。由同向转动的观察者看，转动的射频场 $\boldsymbol{B}_1$ 对 μ 施加一个力矩，使自旋在通过梯度场时以100%（理论上）的效率从上到下移动。转动场可以想象为等效于线性射频场的两个反向转动场之一（另一个没有作用）。这一点如图 8-12 所示。射频超精细跃迁可以根据静态磁场 $\boldsymbol{B}_0$ 的值近似分类，例如相对于临界磁场 $\boldsymbol{B}_{\mathrm{crit}}$：弱场（WFT、$\boldsymbol{B}_0 \ll \boldsymbol{B}_{\mathrm{crit}}$，跃迁频率通常为 5～15 MHz）、中场（MFT、$\boldsymbol{B}_0 < \boldsymbol{B}_{\mathrm{crit}}$）和强场（SFT、$\boldsymbol{B}_0 \geqslant \boldsymbol{B}_{\mathrm{crit}}$，跃迁频率通常为几百 MHz 至几百 GHz）跃迁。另一种分类是指由跃迁引起的量子数的变化。一个 F 多重态($\Delta F=0$，$\Delta m_F=\pm 1$)内的跃迁是 π 跃迁，它们是由射频场 $\boldsymbol{B}_1 \perp \boldsymbol{B}_0$ 产生。不同 F 多重态($\Delta F=\pm 1$，$\Delta m_F=0$，± 1)内的跃迁是 σ 跃迁，这两个磁场是相互平行的，见 Ramsey[27]。

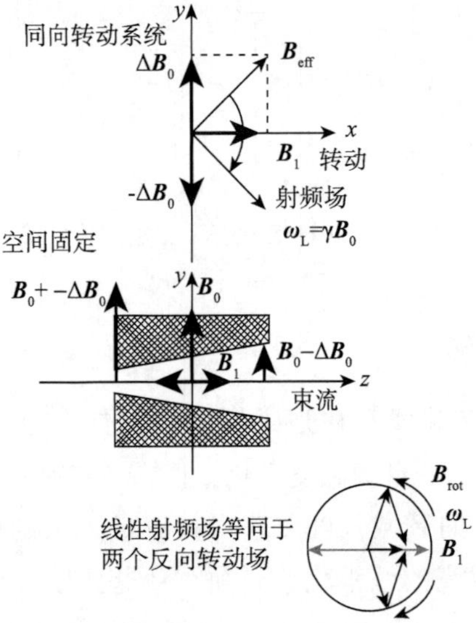

图 8-12　通过非均匀磁场时产生自旋反转的绝热快速通过方法的半经典解释

在极化离子源的实践中，所用的 WFT 和 MFT 都是低-$\boldsymbol{B}_0$ π 跃迁。WFT 发生在 HFS 的塞曼区域，其中属于一个 F 的 m_F 态几乎相等距离，导致 F 多重态内的多量子跃迁。在较高的 $\boldsymbol{B}_0$ 和射频频率上时，MFT 与 π 跃迁相似，因此一个 F 多重群中的单光子跃迁的能量被充分分离，即一个足够短的场区域只发生单光子跃迁。然而，SFT 是单 HFS 态之间处于更高 $\boldsymbol{B}_0$ 的 σ 或 π 单量子跃迁。图 8-13 展示了三种类型的转变，而图 8-14 描述了一些射频跃迁的跃迁频率为磁场参数 x 的函数。

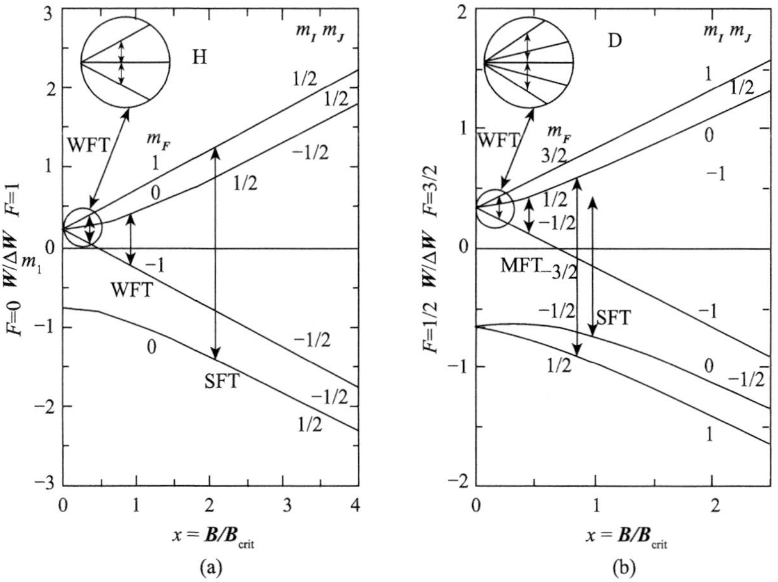

图 8-13　射频跃迁和跃迁类型作为场参数 x 的函数

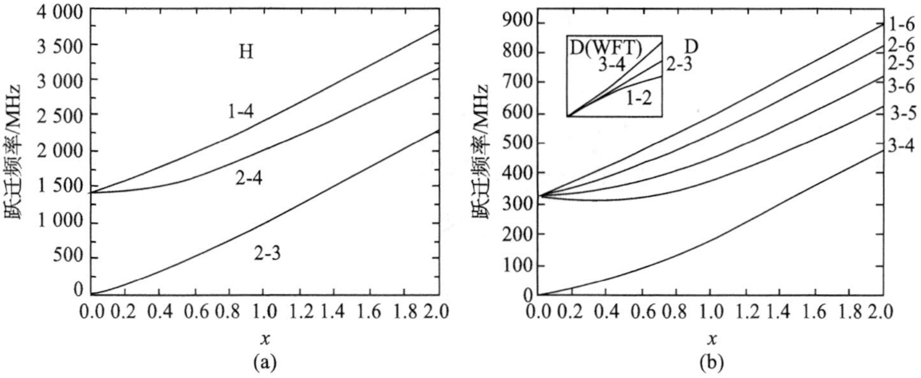

图 8-14　选定射频跃迁的跃迁频率作为场参数 x 的函数

8.3.4.1　弱场跃迁（WFT）

马约拉纳（Majorana）[28]理论描述了在一个具有相同的旋磁比 γ 的虚构的自旋-1/2 系统中，与 $\Delta m_F=\pm1$ 的相邻能级（$\Delta F=0$，π 跃迁）之间的同时跃迁。他的公式，例如拉姆齐[27]给出了多态的每对态之间的跃迁概率：

$$P_{m_F m'_F} = P_{m'_F m_F} = (F - m_F)!\ (F + m_F)!\ (F - m'_F)!\ (F + m'_F)!$$

$$\cdot\, p^{2F}\left[\sum_n (-1)^n \left(\frac{1-p}{p}\right)^{\frac{m_F+m'_F}{2}+n}\right.$$

$$\cdot \frac{1}{(F - m_F - n)!\ (F - m'_F - n)!\ (m_F + m'_F + n)!\ n!}\Bigg]^2 \tag{8-61}$$

利用这种关系，可以计算超精细态的占用数和弱场跃迁（WFT）后的束流极化，如图 8-15 所示。对于 WFT 单元的设计，必须满足一些条件（例如 Paetz gen. Schieck[29]）。

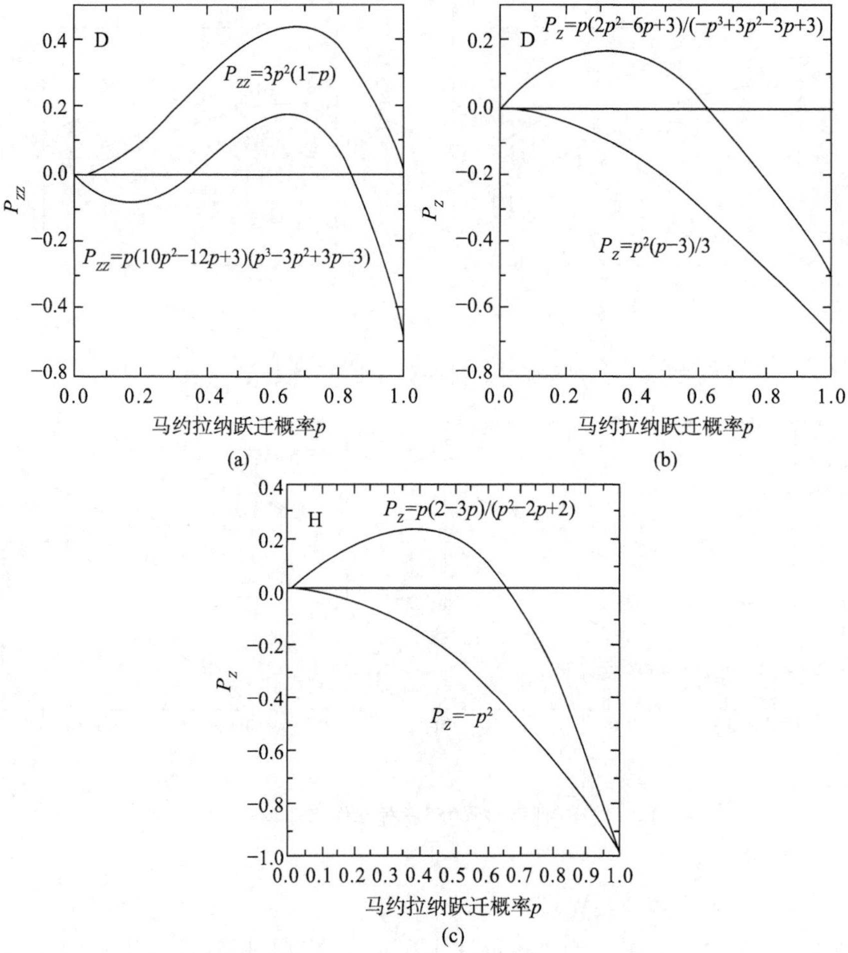

图 8-15 强磁场中 H 和 D 的核极化作为 WFT 跃迁概率 p 的函数

绘制的是第一个斯特恩-格拉赫器件（态 1 和 2/1、2 和 3 被占据）和随后的 WFT（实线）之后，以及另一个具有 100% 自旋态分离效率的斯特恩-格拉赫磁铁（虚线）之后的极化

（1）等距条件：对于马约拉纳方法，应满足几乎等距水平分离的假设。通过展开 H 或 D 的 HFS 塞曼态的 Breit-Rabi 方程，得到了与具有能量 E_n、E_{n+1} 和 E_{n+2} 的相邻能级的线性分裂的偏差

$$\epsilon=(E_n-E_{n+1})-(E_{n+1}-E_{n+2})\approx 2\left(b_F\frac{\mu_B}{\hbar}B\right)^2\frac{\hbar^2}{\Delta W} \tag{8-62}$$

经典地，射频场 $\boldsymbol{B}_1$ 注入到系统中的能量的扰动应该远远大于 ϵ，才能实现转变。因此，$\hbar\mu_B b_F B_1 \gg \epsilon$ 转换为

$$\boldsymbol{B}_1 \gg \frac{2b_F\mu_B \boldsymbol{B}_0^2(0)}{\Delta W} \tag{8-63}$$

（2）磁场非反转条件：磁场不得发生符号变化从而导致

$$\Delta\boldsymbol{B}_0<\boldsymbol{B}_0(0) \tag{8-64}$$

（3）绝热条件：跃迁必须是绝热的。在一个完全跃迁的半经典图中，自旋在整个跃迁过程中必须跟随磁场，这要求场 $\boldsymbol{B}_0$ 的相对时间变化相对于拉莫尔（Larmor）频率的倒数缓慢。通过跃迁区的时间可以用长度 l 和速度 v 来表示

$$|\dot{\boldsymbol{B}}_0| \ll \frac{b_F\mu_B \boldsymbol{B}_1^2}{2\hbar} \tag{8-65}$$

或同样的：

$$\boldsymbol{B}_1^2 \gg \frac{4\bar{v}\hbar}{b_F\ \ell\mu_B}\Delta\boldsymbol{B}_0 \tag{8-66}$$

（4）极化条件：为了实现（经典）180°的完全自旋反转（半经典解释见Haeberli[30]），该条件是：

$$\frac{\boldsymbol{B}_1}{2} \ll \Delta\boldsymbol{B}_0 \tag{8-67}$$

（5）共振条件：由于跃迁是一种共振现象，这种条件是基础的

$$\omega_0=\frac{2\mu_B b_F \boldsymbol{B}_0}{\hbar} \tag{8-68}$$

条件（1）～（4）定义了正确选择工作点的必要参数的允许区域，如图8-16所示。

8.3.4.2　量子力学方法

具有时变磁场（静态场 $\boldsymbol{B}_0$ 由于粒子在其场梯度 $2\Delta\boldsymbol{B}_0/\boldsymbol{\Delta}z$ 和（快速变化的）射频场 $\boldsymbol{B}_1(\omega t)$ 中运动而缓慢变化）的双自旋系统到同转系统的量子力学变换等价于该系统的哈密顿量的幺正变换。

如果适当地选择了转换（例如转动发生于拉莫尔频率 ω），缓慢的部分和快速变化的部分可以单独对角化。薛定谔方程的“准静态”慢解部分仅仅导致了布雷特-拉比（Breit-Rabi）能量本征态（作为 $\boldsymbol{B}_0$ 或等价的 x 或 t 的函数）的另

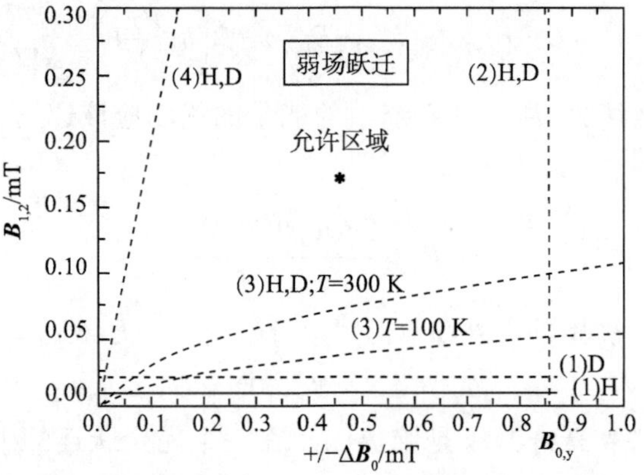

图 8-16 选择 WFT 工作点的半经典标准图。其编号与上述标准列表相一致

一种情况，它遵循线性关系，使态只在与特定跃迁频率相对应的场上交叉。当射频场 $\boldsymbol{B}_1$ 接通时，包含这个扰动的 q. m. 计算导致（在这个表示中）：

（1）特征值的上下移动（水平排斥力）和朝向。

（2）哈密顿矩阵的非对角项，即状态的混合以及它们之间的跃迁。

图 8-17 展示了这一点。这种效应在交叉点处最强，而转变的效率取决于绝热程度，即所涉及的初始状态的占据是否保持在其原始能级（非绝热或“绝热”跃迁，参见 8.5.3）上，还是经历一个到另一个能级或多或少完全的跃迁。射频场 $\boldsymbol{B}_1$ 的强度是一个决定因素。为了量化这个程度，从绝热条件式（8-66）导出了一个绝热参数。

$$\kappa=\frac{\mu_J \boldsymbol{B}_1^2}{2\hbar\dot{\boldsymbol{B}}_0} \tag{8-69}$$

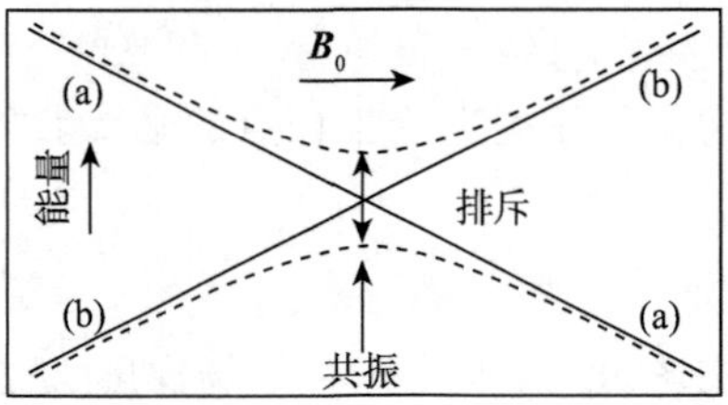

图 8-17 两种塞曼超精细态（a）和（b）在不扰动射频场 $\boldsymbol{B}_1$ 的情况下作为外部静磁场梯度场 $\boldsymbol{B}_0$ 的函数的示意图

q. m. 表示：交叉状态（实线）和有扰动的状态：状态的混合、排斥和它们之间的或多或少的跃迁（虚线）

得到了跃迁的概率

$$P=\exp(-\pi\kappa) \tag{8-70}$$

(详见 Philpott[31], Beijers[32]) 这种形式既适用于两态强场转换，也适用于中场转换。

关于射频跃迁的详细信息可以通过求解与时间相关的薛定谔方程获得，在像 WFT 这样多次跃迁的情况下，由一组 $2m_F+1$ 耦合的与时间相关的方程得到。这些方程式为：

(1) 对于氢的 $F=1$ 三重态，需要三个方程式：

$$\dot{c}_1(t)=-2i\Omega(t)\cos(\omega t)\,e^{i\omega_{12}(t)t/\hbar}c_2(t)$$
$$\dot{c}_2(t)=-2i\Omega(t)\cos(\omega t)\,e^{-i\omega_{12}(t)t/\hbar}c_1(t)-2i\Omega(t)\cos(\omega t)\,e^{i\omega_{23}(t)t/\hbar}c_3(t)$$
$$\dot{c}_3(t)=-2i\Omega(t)\cos(\omega t)\,e^{-i\omega_{23}(t)t/\hbar}c_3(t) \tag{8-71}$$

(2) 对于氘的 $F=3/2$ 的多重态-$F=1/2$ 的态可以忽略，有四个方程：

$$\dot{c}_1(t)=-2i\Omega(t)\cos(\omega t)\,e^{i\omega_{12}(t)t/\hbar}c_2(t)$$
$$\dot{c}_2(t)=-2i\Omega(t)\cos(\omega t)\,e^{-i\omega_{12}(t)t/\hbar}c_1(t)-2i\Omega(t)\cos(\omega t)\,e^{i\omega_{23}(t)t/\hbar}c_3(t)$$
$$\dot{c}_3(t)=-2i\Omega(t)\cos(\omega t)\,e^{-i\omega_{23}(t)t/\hbar}c_2(t)-2i\Omega(t)\cos(\omega t)\,e^{i\omega_{34}(t)t/\hbar}c_4(t)$$
$$\dot{c}_4(t)=-2i\Omega(t)\cos(\omega t)\,e^{-i\omega_{34}(t)t/\hbar}c_3(t) \tag{8-72}$$

由于束流通过变化的磁场，这些方程的参数部分随时间变化：ω 是外加的圆射频频率，ω_{nm} $(t=z/\bar{v})$ 是邻近超精细态 n 和 m 之间的圆玻尔（Bohr）跃迁频率（见图 8-14），Ω $(t=z/\bar{v})$ $=\mu_B B_1$ (t) $/2\hbar$ 圆频率依赖于外部射频场的振幅 $\boldsymbol{B}_1$，是跃迁强度的量度。

在实验和理论研究中，发现了占据数的差异，这取决于静态场 $\boldsymbol{B}$ 梯度。有人认为，等距离条件并没有完全得到满足，塞曼-HFS 状态之间的几次跃迁并不是同时发生的，而是按顺序发生的。该顺序取决于梯度 $\Delta\boldsymbol{B}_0$，参见 Philpott 的 [31] 和 Glavish 的 [33]。

一些这样的计算已经发表了 [29, 32, 34]，塞曼超精细态的最终占据数以及跃迁后的核或电子极化已经作为若干参数的函数进行了评估。这些都是例如粒子的速度和诱导射频场 $\boldsymbol{B}_1$ 的强度。对于 WFT，当 $\boldsymbol{B}_1$ 场的幅值不足够大时，在某些情况下证实了极化依赖于梯度 $\Delta\boldsymbol{B}_0$ 的事实。其解释在于，这些跃迁发生在一个小场 $\boldsymbol{B}_0>0$，其中 m_F 的状态不是完全等距的，并且除了足够高的 $\boldsymbol{B}_1$ 振幅外，这两种情况的单个跃迁发生在不同的序列中。这与马约拉纳（Majorana）形式的结果在定性上一致，见图 8-15。图 8-18 给出了氘状态 1 的完整（$\boldsymbol{B}_1$ 足够高）和不完全（$\boldsymbol{B}_1$ 太小）自旋反转的一个例子。所有相关态也可计算（详见 Paetz gen. Schieck 的 [29]）。当弱场跃迁为 π 跃迁时，射频场 $\boldsymbol{B}_1$ 沿束流轴（z 方向）方向垂直于静态场 $\boldsymbol{B}_0$。由于需要较低的频率，它是由一个线圈与少量的绕组（例如 8~12 MHz 的频率约为 5~10 个）实现的。典型值在 Paetz gen. Schieck 的［29］中给出。

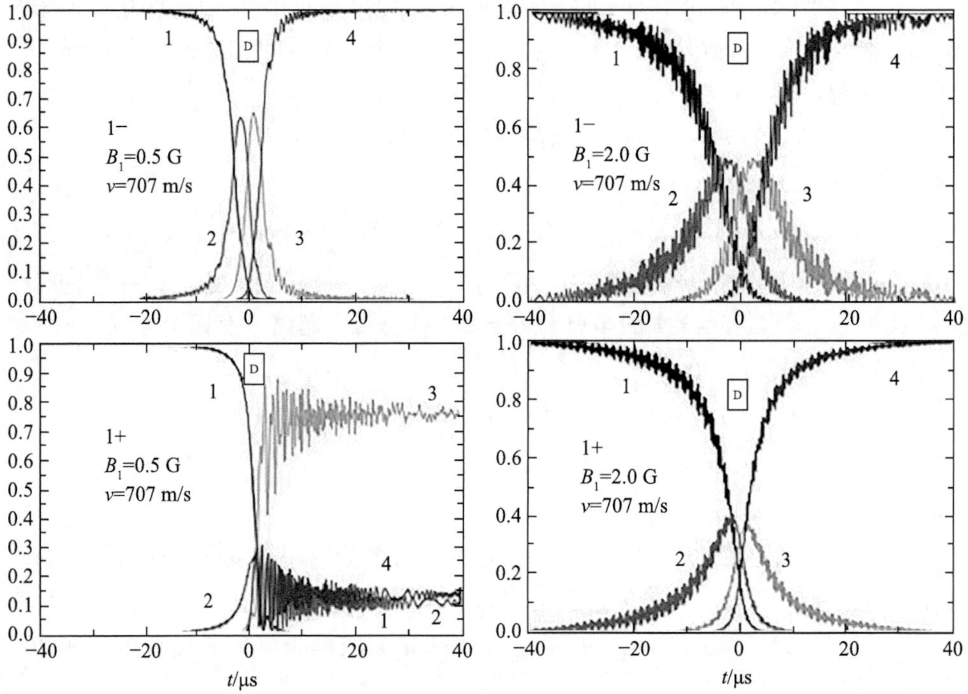

图 8-18　塞曼超精细态的占据数变化图，通过 WFT 区域

上面的图为负的，较低的图为正的场梯度。左：｜B_1｜=0.05 mT；右：｜B_1｜=0.2 mT

8.3.4.3　中等场跃迁（MFT）

和 SFT 一样，MFT 也是单个状态之间的跃迁。然而，它们是发生在相当低的 $\boldsymbol{B}_0$ 处的 π 转变。典型的跃迁是 H 的 1 ↔ 2 和 2 ↔ 3 和 D 的 1 ↔ 2、2 ↔ 3、3 ↔ 4 和 5 ↔ 6。

8.3.4.4　强场跃迁（SFT）

场跃迁在值为 $x\approx1$ 时发生。在那里，在固定的磁场和频率下，只有单个塞曼态之间可以跃迁。跃迁是 π 或 σ 跃迁。典型的跃迁是 H 的 1 ↔ 4，D 的 2 ↔ 6 和 3 ↔ 5。对于这些，作为 σ 跃迁，$\boldsymbol{B}_1$ 的场方向与静态场 $\boldsymbol{B}_0$ 平行。更高的频率需要单回路或更现代的射频腔设计。

对于 WFT 的半经典方法和量子力学设计准则，可以推导出绝热快速通道方法。给出了利用虚构的自旋-1/2 系统将真实量子系统与半经典条件联系起来的判据：

（1）绝热条件：WFT 情况下定义的条件转化为 MFT/SFT 依赖于跃迁本身而不能推广的条件。因此，只给出一个常用的氘态 3 和态 5 之间的 SFT 的例子：

$$B_1^2 \gg \frac{9}{2}\frac{\bar{v}}{\ell}\frac{\hbar}{\mu_B}\left[\left(x-\frac{1}{3}\right)\sqrt{1-\frac{2}{3}x+x^2}\right]\Delta\boldsymbol{B} \tag{8-73}$$

式中：$\bar{v}$ 为束流中原子的平均速度；ℓ为射频相互作用区域的长度。

（2）极化条件：这可以转化为

$$B_1 \ll \frac{3}{\sqrt{2}}\left(x-\frac{1}{3}\right)\Delta B \tag{8-74}$$

（3）共振条件是基本的。

这些条件对于每个可能的跃迁都是不同的。图 8-18 展示了氘在 $B_0 = 10$ mT，$\Delta B_0 = 0.7$ mT，跃迁频率 $\nu = 350$ MHz，原子的平均速度对应于 100，300 K 的温度并且射频区域的长度为 3 cm 的情况下从态 3 跃迁到态 5 的设计标准。Hasuyama 等[35, 36]利用强场跃迁 D 的 2 ↔ 6、3 ↔ 5 和 H 的 2 ↔ 4 的量子力学计算方法研究了跃迁概率对不同参数的相关性。在 Beijers[32]中，氢中 WFT 和 SFT 的数值计算与广义 Landau-Zener-Stückelberg 理论[31,37-39]的解析表达式进行了比较。

8.4　离子发生器

为了将极化原子束流转换为极化离子束流，提出了许多不同的方案（见图 8-19）：

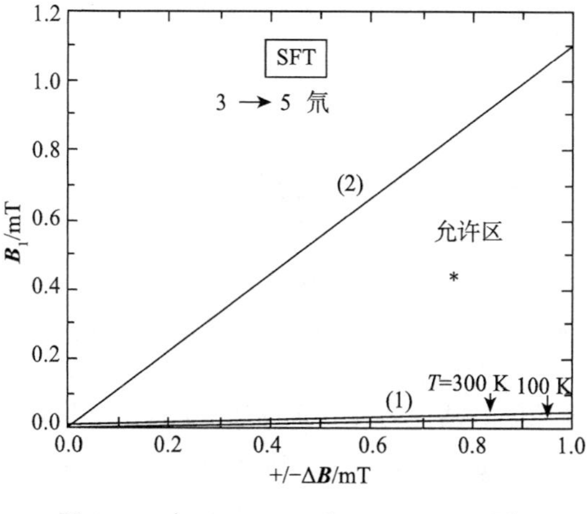

图 8-19　在 $B_0 = 10$ mT 和 $\nu = 350$ MHz 下，

氘 σ 跃迁 3 → 5 的 SFT 工作点的选择的半经典准则图。编号对应于上述标准列表

（1）电子轰击式离子发生器。

（2）ECR（电子回旋共振）离子发生器。

（3）CBS 离子发生器。

8.4.1 离子发生器：电子轰击和 CBS 设计

8.4.1.1 电子轰击式离子发生器

电子碰撞电离氢的截面在 $E_e = 70$ eV 附近有一个最大值（见 Fite 和 Brackmann[40]，Kieffer 和 Dunn[41]）。图 8-20 展示了几个作者的结果。经典的强电场离子发生器利用三种措施的长电离路径：

（1）电子的螺旋运动，由阴极线发射，并由正栅极或环状电极加速，沿着> 0.1 T 的强磁场。

（2）电离体积大。

（3）通过从体积末端的排斥性电场反射而多次使用电子，同时作为离子的提取场。

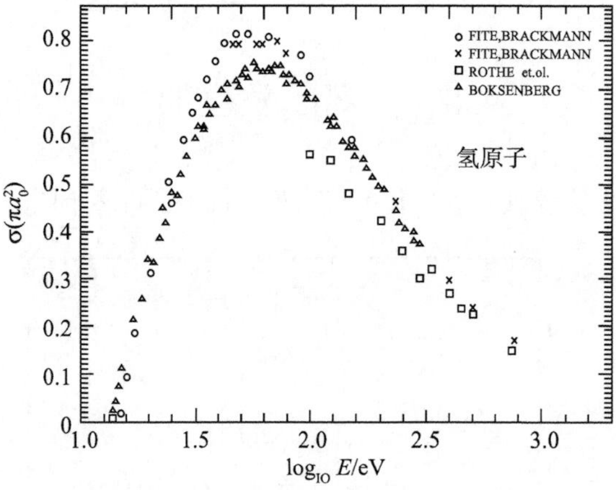

图 8-20 由氢原子的电子撞击引起的电离的截面，最大值接近 70 eV

（来自 Kieffer 和 Dunn[41]；©；[1966] by APS，New York）

电子空间电荷的降低必须通过注入远高于 70 eV 电压的电子来补偿。这种离子发生器的原型是由 Glavish[42] 开发的，并已用于许多正离子源。当需要负离子时，如串联范德格拉夫（Van-de-Graaff）加速器，碱蒸气中额外的电荷交换必须紧随其后。最近的一个应用是用于原子束的 LS 极化仪[43,44]。图 8-21 给出了该装置的模型，该装置的电离效率可达 5×10^{-3}，随后通过在电离体积周围添加吸气器抽吸来降低基流[45]。

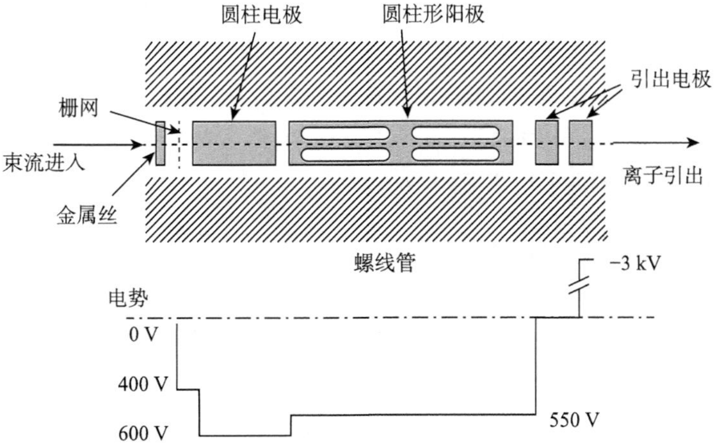

图 8-21　Glavish 型电子轰击离子发生器方案

8.4.1.2　电子回旋共振（ECR）离子发生器

电子回旋共振离子发生器的高电离效率在一些极化离子源中得到了利用[44,47]。ECR 原理是通过在强磁场中强射频放电产生的等离子体中加速的电子使极化束流离子化。射频频率对应于电子−回旋共振，因此与磁场耦合。在>100 mT 的磁场下，最佳射频频率约为 3.8 GHz，射频功率可达 100 W。电场的形状是为了将电子限制在电离区，并有效地提取离子而不去极化。等离子体放电必须稳定地保持在相当低的压力$<1\times10^{-6}$ mbar，这是通过向放电体中放氮气等惰性气体来实现的。ECR 离子发生器的一个优点是它们的束流发射度小。据报道，电离效率可达 6×10^{-3}。

8.4.1.3　CBS 离子发生器

这种类型的起源是由 Haeberli 等人[48,49]提出并实现的。原子氢/氘在与中性铯束碰撞时电离成负离子的非常高的截面显得非常吸引人。更吸引人的是极化的热原子束被负或正的非极化离子的强烈碰撞束电离。这是因为由于共振电荷交换，在非常低的能量下，截面大了大约两个数量级。图 8-22 对相关截面进行了比较。含 Cs 的 CBS 需要一个约 45 keV 的高能 Cs 束，如图 8-23 所示，负离子的电荷交换截面是 Cs 束和相对能量的函数。因此，必须产生这种高强度的 Cs 束，并将其引导到充满原子束的长电离体中。电流高达 15 mA 的 Cs^+离子从热钨表面离子发生器靶锥中提取，能量约为 45 keV，然后在 Cs 蒸气中有效中和。由于高电流密度，发生了几乎完全的空间电荷中和，因此允许非常高亮度的束流到达电荷交换单元，产生几何性能良好的中性束流，这些中性束流可以传输到米以外的距离，如图 8-24 所示。这样的 CBS 在 Madison，Brookhaven，Seattle，并且最终在 COSY-Jülich 成功建立。图 8-25 展示了三个大学（埃尔朗根、波恩和科隆）合作的原始设计。许多基本特性使其具有高输出、高极化、可靠性和长期运行能力的优点。其中包括：通过 20 ms 的气体输入和 N_2、O_2 输入，对原子束进行 20 ms 的脉冲，对 Cs 束[51]进行同步脉冲，降低 Cs 消耗，对钨表面离子发生器靶锥进行电子轰击加热，改进了负离子提取方案等。

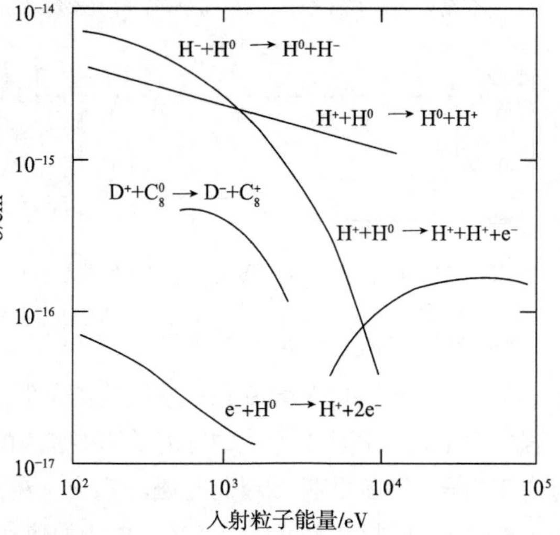

图 8-22 通过带电 H（或 D）、中性 Cs 和电子束将 H 或 D 电离成正离子或负离子的截面

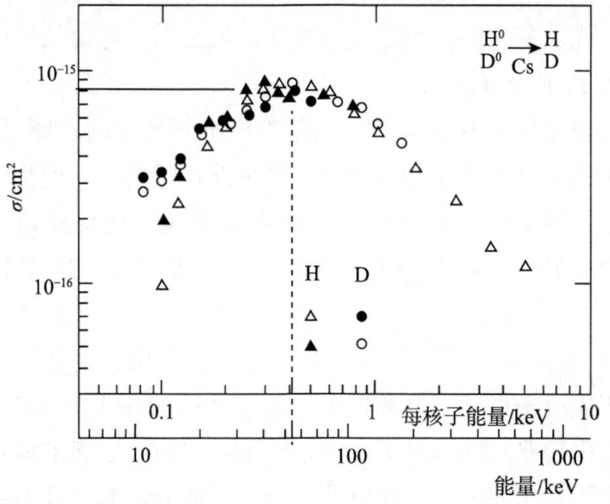

图 8-23 用中性 Cs 束将 H 或 D 电离成负离子的截面。选自[50]

图 8-24　从右边的热钨阴极发射出的 1 mA Cs^+束在从左边退出时激发剩余气体原子荧光的例子

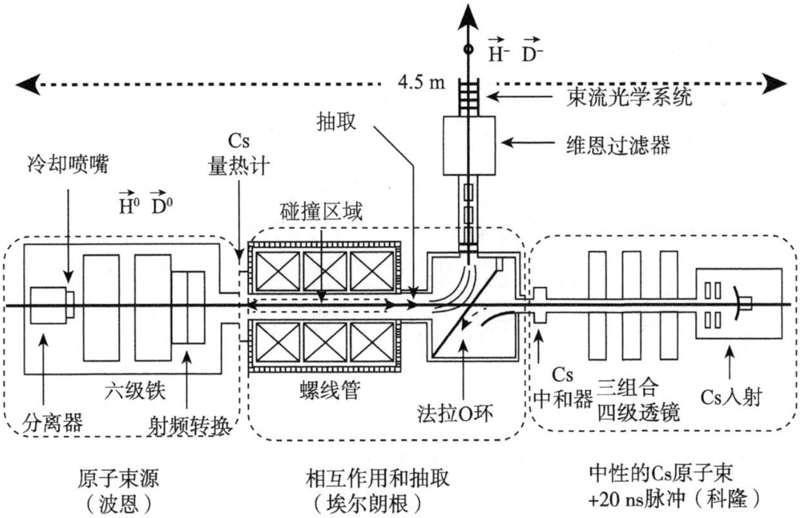

图 8-25　COSY-Jülic 对撞束极化离子源原始设计方案

利用低能量、高强度的 H^-、D^-、H^+或 D^+束共振电离，遇到了高空间电荷的困难，这限制了目前只能实现极短脉冲（μs）的脉冲系统。具有非常高电离效率的等离子体离子发生器已被开发出来。虽然已达到很高的峰值脉冲电流（高达 50 mA），但单位时间内极化粒子的平均数量仍然相对较少。带 Cs 的 CBS 原则上是直流源，但与脉冲加速器（如带有长（20 ms）脉冲的 COSY/Jülich）相连接时，通过脉冲源可以大大改善性能。

8.4.2 极化^{6,7}Li 和^{23}Na 束源

之前人们研制出了$\overrightarrow{^{6,7}\mathrm{Li}}$（$I=1$ 和 3/2）和$\overrightarrow{^{23}\mathrm{Na}}$（$I=3/2$）束的原子束极化离子源（参见 Ebinghaus 等人[52]，Bartosz 等人[53]，Kondo 等人[54]的一些贡献）。在自旋-3/2 的情况下，极化的完整描述需要张量矩 t_{kq} 到 $k=3$。这些张量矩的构造在 Darden[55]中有描述，见 3.6.9。

产生原子束的技术与氢的情况不同：原子从熔炉中蒸发，电离可以通过加热的 W 金属表面电离来完成。在第一个这样的来源斯特恩-格拉赫（Stern-Gerlach）分离磁铁已用于自旋态分离。后来开发了光抽运源（例如，佛罗里达州立大学的 OPPLIS，见文献［56，58］）。

8.4.3 光抽运极化离子源（OPPIS）

这里使用的原理与极化靶是相同的，利用碱蒸气（特别是铷）的光抽运和高电子极化通过碰撞转移到基态的 H 或 D 原子和核（自旋交换方法 SEOP）。相关波长（795 nm）在近红外，泵浦可以通过不同的激光器（例如 Ti：Sapphire）完成，但高功率激光二极管（二极管阵列）最近已成为可用的，是最方便的。图 8-26 展示了 OPPIS 的主要功能示意图。不同的功能，如注入的 H^+束流的中和，Rb 的光抽运，以及自旋交换碰撞可能发生在一个整体容器中，在一个共同的磁场区域。这种类型的一种来源，利用电荷交换反应

$$H^0+He \rightarrow H^+ + He + e \tag{8-75}$$

用于正离子输出，最初由 TRIUMF/Vanvouver 开发，现在正被用于 BNL/Brookhaven 的 RHIC 加速器。它具有优越的性能：电离效率可达 0.8，高极化时直流$\overrightarrow{H^-}$电流可达 15 mA（脉冲约 25 mA）[59]。

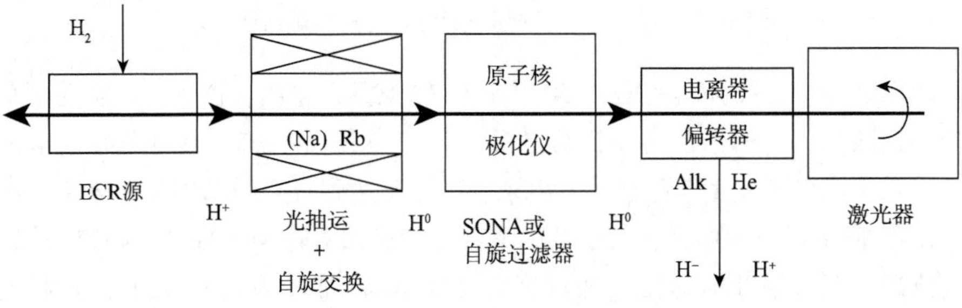

图 8-26 光抽运极化离子源原理示意图

8.5　兰姆移位源（LSS）的物理

8.5.1　兰姆移位

兰姆移位 = $2S_{\frac{1}{2}}$和 $2P_{\frac{1}{2}}$态[60]之间的能量差，只能用量子电动力学来解释。对于氢气，这种移位（没有磁场）约为 1 057 MHz 或 4.38×10^{-6} eV。由于能量差非常小，$2S_{\frac{1}{2}}-2P_{\frac{1}{2}}$的跃迁寿命约为 20 年。禁戒偶极跃迁（E1）到 $1S_{\frac{1}{2}}$基态（$I=0\rightarrow I=0$），也禁戒相应的四极跃迁（E2）（$J=0\rightarrow J=0$）。磁偶极跃迁（M1）是允许的，其计算的寿命约为 2 天[61]，主要贡献来自于 $\tau=\frac{1}{7}$s 的双量子跃迁。电场通过斯塔克（Stark）效应减少了 $2S_{\frac{1}{2}}$态的寿命，增加了 $2P_{\frac{1}{2}}$态的寿命，该效应混合了不同宇称的状态（这里宇称不是一个好量子数）。按照 Lamb 和 Retherford，2S 状态的寿命是

$$\tau_S\cong\tau_P\frac{\hbar^2\left(\omega^2+\frac{\gamma^2}{4}\right)}{|V|^2} \tag{8-76}$$

其中

$$\tau_P = \text{P 态的寿命} = 1.595\times10^{-9}\text{s} \tag{8-77}$$

$$\hbar\omega = \Delta E$$

$$= \text{S 和 P 态之间的分离能（依赖于场）。} \tag{8-78}$$

$$\gamma = 1/\tau_P \tag{8-79}$$

$$V = \langle\varphi_S|e\text{Er}|\varphi_P\rangle$$

$$= \text{偶极跃迁的矩阵元} \tag{8-80}$$

对于小电场（≤100 V/cm），大约是

$$\tau_S=\tau_P\ (475/E)^2 \tag{8-81}$$

8.5.2　能级交叉和猝灭效应

在精细结构（FS）图中，斯塔克（Stark）效应将状态与 $\Delta m_J=1$，$\Delta\pi=+$，即（根据 Lamb 和 Retherford 的历史命名法）分别为 α 和 f，β 和 e。由于 β 态和 e 态在 57.5 mT 左右的磁场下发生交叉，使其跃迁概率达到最大值。ΔE 变短，β 的寿命越小（跃迁概率（微扰计算！）包含（ΔE）^{2} 在分母中）。由于态分离的增

加，τ_S（α）随 **B** 而增加，而 τ_S（β）的最小值接近 57.5 mT。S 态的寿命由经验公式给出：

$$\tau_S = \frac{1.13}{E^2}[(574 \pm B)^2 + 716]n \tag{8-82}$$

当 $E=15$ V/cm 时，求得 τ_S（α）/τ_S（β）= 1 850。对于 500 eV（3.1×10^7 cm/s）的氢束流，几乎所有原子在 6.5 cm 后都衰变为 β 态，但只有 3.5%的 α 态（见图 8-2 和图 8-27）。这样就得到了电子自旋极化约为 96%的原子束。HFS 塞曼分裂导致约 57.5 mT 的 4 个（或 9 个）跃迁，其中 2 个（对于 H）或 3 个（对于 D）可以经历斯塔克（Stark）效应猝灭（见图 8-35）。如果束流在弱磁场中被（绝热）传输和电离，则产生理论值为电子极化一半的核极化（以及相应的极化质子或氘核束流）。

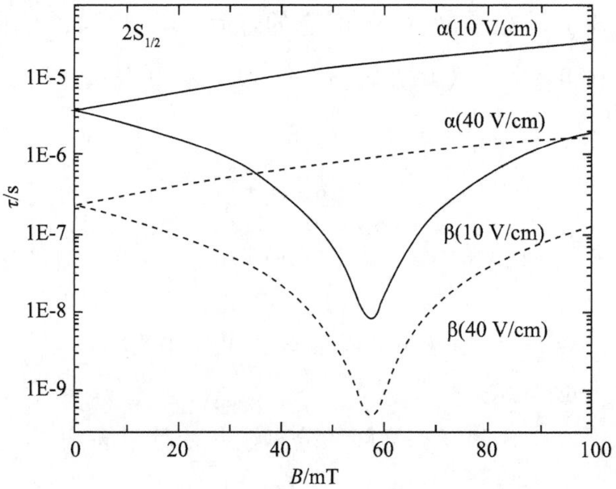

图 8-27 对于两种电猝灭场强度，$n=2$ 塞曼态的寿命是磁场的函数

8.5.3 极化的增强

增强和改变亚稳态束流中核极化的方法有两种。一种是使用改变塞曼状态的非绝热（快速）过渡，即 SONA 过渡方案[62]。另一种是使用自旋滤波器[63]，其中纵向磁场、横向静电场和射频场的组合导致单 HFS 态的传输。这些方法的结果极化值接近理论最大值。

图 8-28 描绘了 D 的布雷特-拉比图，D 通过零点发生了突然的场反转。根据交叉的绝热程度，塞曼状态的占拒在塞曼能级上遵循不同的轨迹（见 8.3.4）。

LSS 的实际实现将在下面讨论。

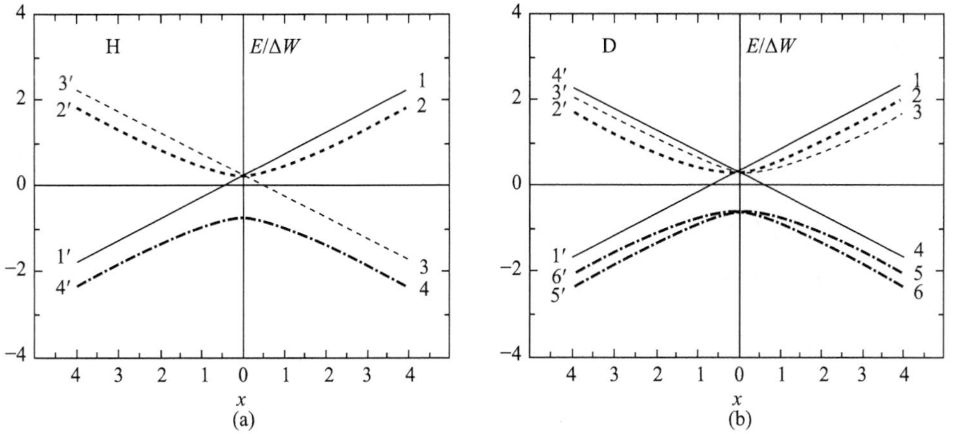

图 8-28　塞曼状态的氢和氘（非绝热零场交叉点/场反转）

8.5.4　不同模式的 LSS 的极化仪算实例

图 8-29 显示了 LSS 的不同运行模式，即一个（质子或氘核矢量极化）或两个猝灭过程（氘核张量极化）。

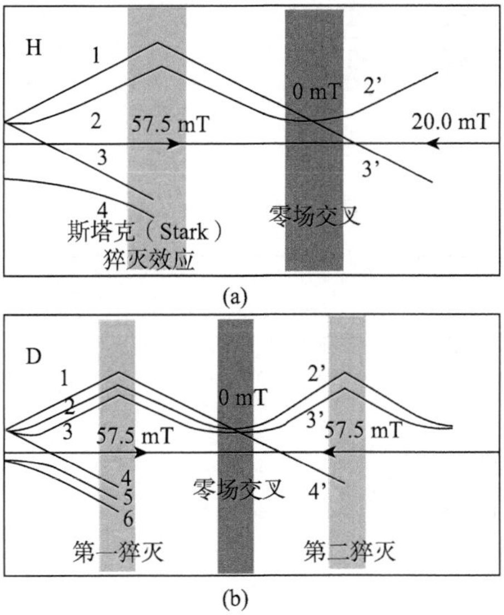

图 8-29　H（上）和 D（下）LSS 的不同 SONA 操作模式

8.5.5 氢

SONA 磁铁Ⅰ设置为 57.5 mT，SONA 磁铁Ⅱ设置为 25.0 mT，因此只能发生一个猝灭过程。基本上只有超精细组分 2 和 3 被占用。

$$p^* = \frac{N_+ - N_-}{N_+ + N_-} = -\frac{1}{2}\left(1 + \frac{x}{\sqrt{1+x^2}}\right) \tag{8-83}$$

根据离子发生器的场强度 **B**，其结果是：

B/mT	0	6	18	∞
P^*	−0.5	−0.842	−0.971	−1

8.5.6 氘

8.5.6.1 具有一种猝灭过程的模式

SONA 磁铁Ⅰ设置在 57.5 mT，SONA 磁铁Ⅱ设置在 20 mT 左右。Sona 跃迁导致基本只占据 2、3、4 组分。

（1）矢量极化。

$$p^* = \frac{N_{+1} - N_{-1}}{N_{+1} + N_0 + N_{-1}} = -\frac{1}{3} \cdot \frac{1}{2}\left[\frac{x+\frac{1}{3}}{\sqrt{x^2+\frac{2}{3}x+1}} + \frac{x-\frac{1}{3}}{\sqrt{x^2-\frac{2}{3}x+1}} + 2\right] \tag{8-84}$$

（2）张量极化。

根据离子发生器区域中的磁场强度可以得到，例如：

B/mT	0	6	18	∞
P^*	−1/3	0.658	−0.666	−2/3

$$p_{zz}^* = \frac{N_{+1} + N_{-1} - 2N_0}{N_{+1} + N_0 + N_{-1}} = -\frac{1}{3} \cdot \frac{3}{2}\left[\frac{x+\frac{1}{3}}{\sqrt{x^2+\frac{2}{3}x+1}} - \frac{x-\frac{1}{3}}{\sqrt{x^2-\frac{2}{3}x+1}}\right] \tag{8-85}$$

典型的值为：

B/mT	0	6	18	∞
P^*	−1/3	−0.004	−0.000 2	0

8.5.6.2 具有两种猝灭过程的模式

SONA 磁铁Ⅰ和Ⅱ分别设置在 57.5 mT 左右，导致基本上只占 2 和 3 成分。具有：

$$N_0=\frac{1}{2\left(2+\frac{x+\frac{1}{3}}{\sqrt{x^2+\frac{2}{3}x+1}}-\frac{x-\frac{1}{3}}{\sqrt{x^2-\frac{2}{3}x+1}}\right)} \tag{8-86}$$

和

$$N_{+1}=\frac{1}{2\left(1-\frac{x+\frac{1}{3}}{\sqrt{x^2+\frac{2}{3}x+1}}\right)} \tag{8-87}$$

和

$$N_{-1}=\frac{1}{2\left(1+\frac{x-\frac{1}{3}}{\sqrt{x^2-\frac{2}{3}x+1}}\right)} \tag{8-88}$$

同时：

B_{Ion}/mT	P^*	P^*_{zz}
0	0	-1
0.5	-0.144	-0.933
1.5	-0.348	-0.679
4.0	-0.470	-0.520
6.0	-0.486	-0.506
∞	-1/2	-1/2

图 8-30 和 8-31 展示了质子或氘核极化对离子发生器位置磁场的相关性。

8.5.6.3 亚稳态束流的产生

处于 2S 态的 H 和 D 原子可以由电子碰撞产生（如 Lamb[60]），但电荷交换

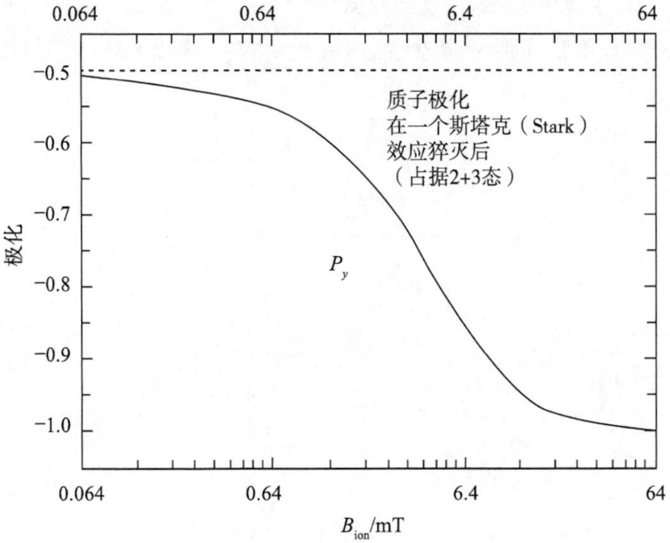

图 8-30 质子极化作为一次猝灭后离子发生器场的函数

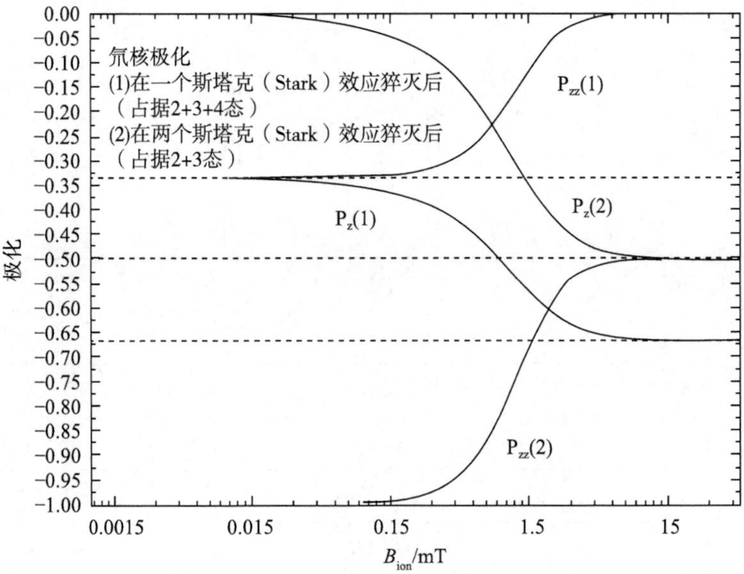

图 8-31 氘核矢量和张量极化作为电离场一次（1）或两次（2）猝灭过程的函数

反应

$$H^+ + Cs^0 \rightarrow H^0\ (1S,\ 2S)\ + Cs^+ + Q \qquad (8\text{-}89)$$

是更有效的。主要的正离子束是在一个标准的离子源系统中产生的，例如射频放电，双等离子体，甚至 ECR 离子源。H^+需要 500 eV 离子的固定能量或 D^+需要

1 keV离子的固定能量，因此相对较高的空间电荷限制了束流可以注入到含有适当密度 Cs 蒸气的电荷交换中。

图 8-32 展示了中性基态和亚稳态 2S 态的电荷交换截面作为能量的函数，以及相对产额作为 Cs 靶厚度的函数。对于 Cs，Q = 0. 50 eV，电离能量 3. 89 eV 非常小。在 500 eV 且靶厚度为 5×10^{-3} Torr · cm 时，产额为 10% ~ 15%。在中性粒子（1S，2S）的整个束流中测量的亚稳态分数达到 $f_{max} = 0.430 \pm 0.03$。在 Morgan 等人的文献［64］中收集了许多研究者关于这些反应的额外数据。图 8-33 展示了 Köln LSS LASCO 亚稳态源的方案（参见 Bechtold 等人的文献［65］）。

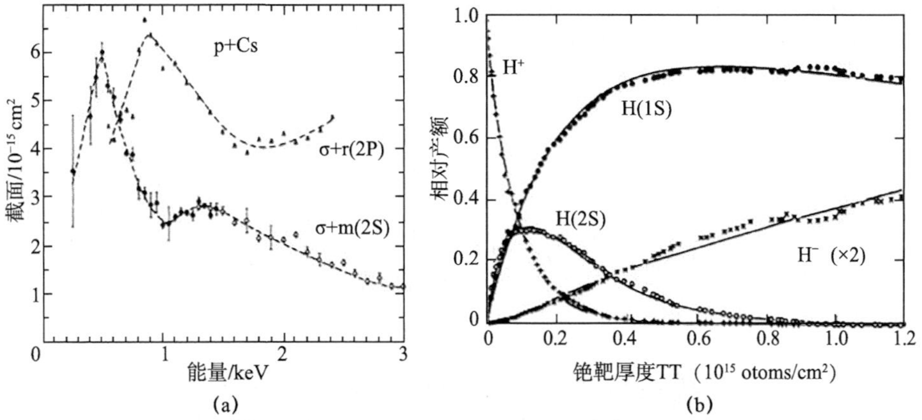

图 8-32　（a）束流通过 Cs 蒸气后 Cs 蒸气中质子到亚稳态 2S 态和 2P 态的电荷交换截面与能量的函数关系；（b）相对产额与 Cs 单位截面积厚度的函数关系。数据来自 Pradel 等人的文献［66］。

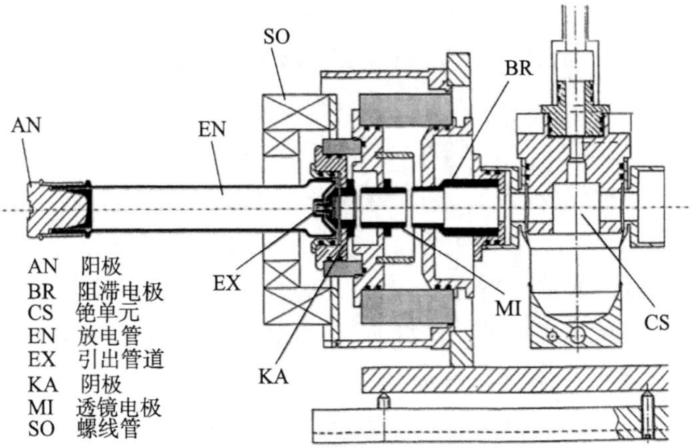

图 8-33　Köln LSS LASCO 的详细信息

8.5.7 束流极化的产生和最大化

为了利用 LSS 获得极化的最大值，模拟了 ABS 在超精细态间的跃迁。然而，与基态原子束相比，由于（亚稳态）束流速度快，通常的绝热 RF 跃迁都不能使用，但非绝热跃迁（SONA 跃迁）或自旋滤波器都可以。这导致了两种可能的 LSS 构建方案，如图 8-34 所示。

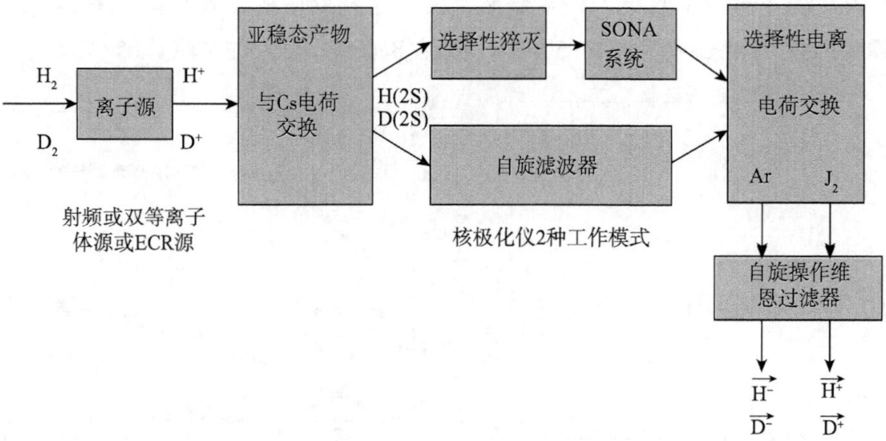

图 8-34 LSS 的实现有两个原理：SONA 方法（上方）和 SPINFILTER（下方），可以得到负离子和正离子

8.5.7.1 SONA 跃迁

基本思想：快速变化磁场中的非绝热转变（零交叉）[62]。快速表示：场在 $1/v_L = 2\pi/\omega_L$ 的短时间间隔内发生变化，由此推导出该条件

$$(1/B)(dB/dt) \gg \omega_L/2\pi = (\gamma/2\pi) B \tag{8-90}$$

即

$$dB/dt \gg (\gamma/2\pi) B^2 \tag{8-91}$$

在这种情况下，当磁场反转时，原子保持各自的塞曼 HFS 状态，参见图 8-17 及其讨论。因此，原始态 1 变成了态 1’ ≡4，导致理论的核极化为 100%而不是 50%。存在一个临界体积：当 $B=0$ 时，即在束流轴上，只要场有梯度，总是满足非绝热条件。远离束流轴时，场只能为 0。因此，存在一个临界束流半径，超过这个半径就不满足这个条件。此外，任何叠加的外部磁场 $\boldsymbol{B}_t$（如地球磁场）都要求纵向场 $\boldsymbol{B}_0$ 的最小梯度。这个条件用数值表示[62]：

$$4B_t^2/14\ \text{G}\cdot\text{cm} < B_0' < 14\ \text{G}\cdot\text{cm}/r^2 \tag{8-92}$$

它的推导使用了这样一个原理，即横向场 $\boldsymbol{B}_t$ 对应于根据的过零位置的横向位移。

$$\Delta r=\frac{2B_t}{B_0'} \tag{8-93}$$

例如：如果 $\boldsymbol{B}_t=0.5$ G，$b_0=2$ G/cm，则

$$1/14<0.2\ \text{mT/cm}<14/r^2 \tag{8-94}$$

这对于 $r=1$ cm 是很合适的。场梯度不能大到使弱场 $B<B_{crit}$ 向强场 $B>B_{crit}$ 的转变变为非绝热的程度。这可以通过使 SONA 区域足够大来确保。从技术上讲，这是通过两个形状合适且极性相反的磁场在 z 方向上的距离来实现的，这样就满足了沿束流路径的梯度条件。此外，外部磁场必须进行屏蔽或补偿。

8.5.7.2　自旋滤波器

自旋滤波器的理论有些复杂，因为它的功能是基于三种状态的同时相互作用：

(1) $1S_0$ 基态。

(2) 亚稳态 $2S_{1/2}$ 态，以及

(3) 短暂的 $2P_{1/2}$ 态。

布雷特-拉比图 8-35 说明了（对于 H）同时的相互作用。在能级交叉点附近，β 态被猝灭，即迅速衰减到 1S 基态。射频跃迁减少了亚态 α2，而亚态 α1 不断地从一个 β 亚态重新填充。退出自旋滤波器后，只有一个超精细亚态仍然被填充。在固定射频频率（或反之亦然）磁场值的选择决定了传输的状态。对于氘，相互作用是类似的。相互作用是通过 57.5 mT 左右的螺线管的静态纵向磁场来实现的，这必须是相当均匀的，通过将射频腔分割成四个象限并对相反的象限对施加直流电压和谐振腔中 TM_{010} 模式下频率为 $\nu=1.60975$ GHz 的电射频场来实现的静电猝灭场。自旋过滤器的设置如图 8-36 所示。更多的细节可以在 Engels[43]，Engels 等人[44]，Trützschler[68]，Franke[69]，Weske[70] 等工作中找到。自旋滤波原理比 SONA 原理有优势，至少对氘来说是这样。它们源于单个超精细元件可以被选择和传输，而通常的 SONA 方案传输两种状态。因此，只有使用自旋过滤器，才能得到 $p_{zz}=+1$ 和 2 之间的极化理论最大值，并有改变极化符号的可能性。另一方面，与 SONA 方案相比强度降低了。因此，品质因子 $p^2\cdot I$ 必须针对每个方案进行评估，并且一般来说，自旋滤波器的使用对于质子可能并无作用，同样考虑到 SONA 方案更简单的操作，对于氘张量极化，品质因子的加倍已被实验证明。

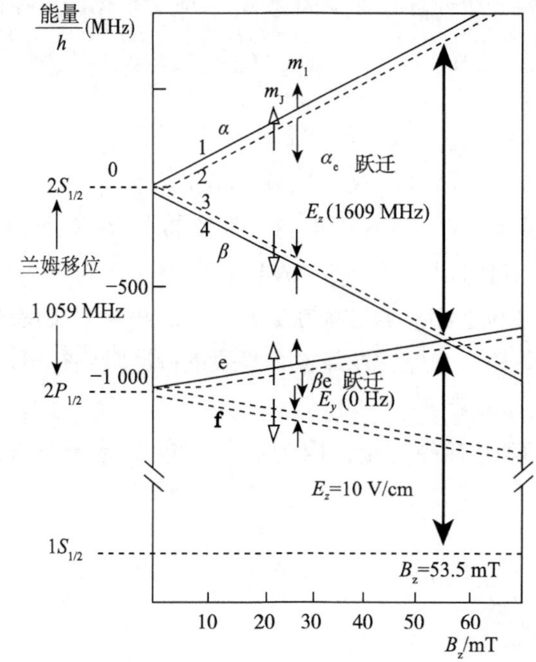

图 8-35　$2S/2P$ 氢气具有由静态电场和射频电场引起的超精细塞曼态图

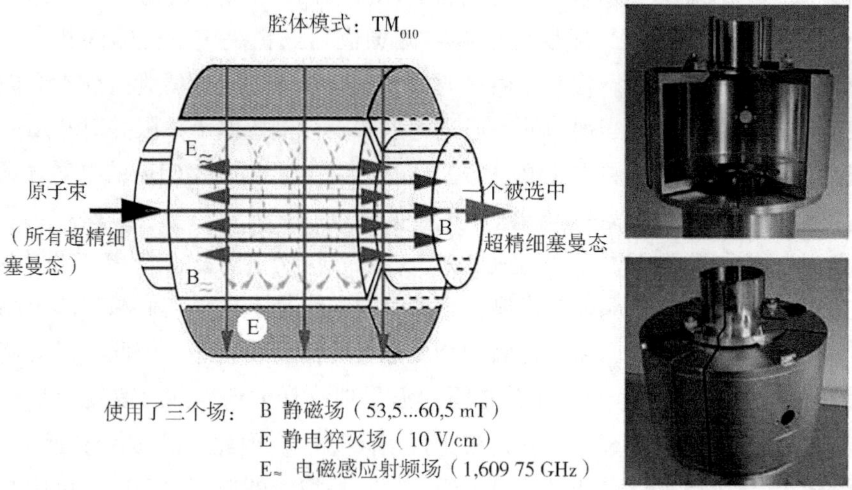

图 8-36　自旋滤波器的模型图和实物照片

自旋滤波器的功能如图 8-37 所示，图中展示了氘核的极化和透射强度（电流）作为自旋滤波器磁场保持 E 场和射频频率恒定的函数。

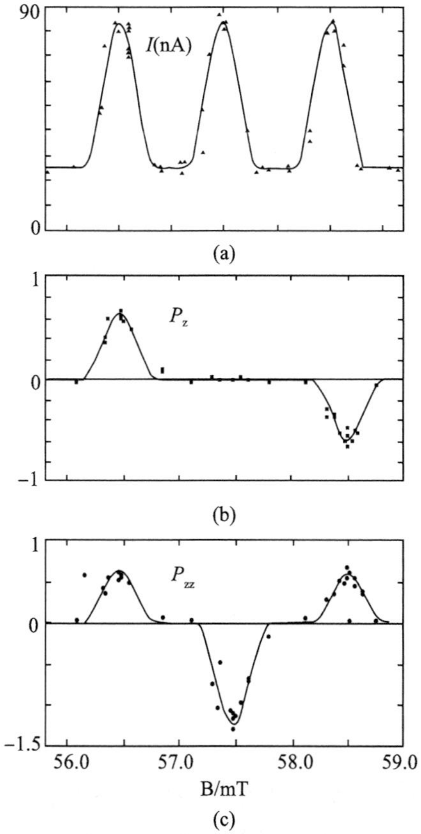

图 8-37　在自旋滤波磁场 B 的三个不同值处氘核超精细组分的穿透电流和极化[69]

8.5.7.3　亚稳态（极化）束流的选择性电离

这是通过准共振电荷交换过程来实现的：

$$H\ (2S)\ +Ar \rightarrow H^- + Ar^+ \tag{8-95}$$

类似的电荷交换导致正极化离子[71,72]：

$$H\ (2S)\ +I_2 \rightarrow H^+ + I_2^- \tag{8-96}$$

图 8-38 展示了亚稳态生成负离子的截面 σ_{2S-} 的高值和弱共振行为，而基态原子的 σ_{1S-}（左）则相反。右图展示了这些过程强的能量依赖（相对）H^- 电离产额，特别是亚稳态相对于基态的高选择性。对于 2S 态，电离能至少为 10. 19+0. 75=10. 94 eV（即 2S 态的激发能加上 H^- 中电子的结合能 B. E.）。氩的电离能为 15. 8 eV，因此特别适合。2S/1S 的选择性几乎为 100%，电离产额接近 1%。通过 Donnally 和 Sawyer[73] 测量比较了 Cs 蒸气中质子束（相同速度的氘核）产生亚稳态后（曲线 A）和斯塔克效应猝灭后（曲线 B）的负离子产额强调了这个过

程的高（共振）选择性。实际上，所有的源参数必须相对最大品质因子 $p^2 \cdot I$ 进行优化。图 8-39 给出一个示例中，两个的参数（如猝灭场电压、带正电子粒子束的速度，SONA 磁场强度，等等）优化：气室气体压力和 Cs 气室温度[74]。

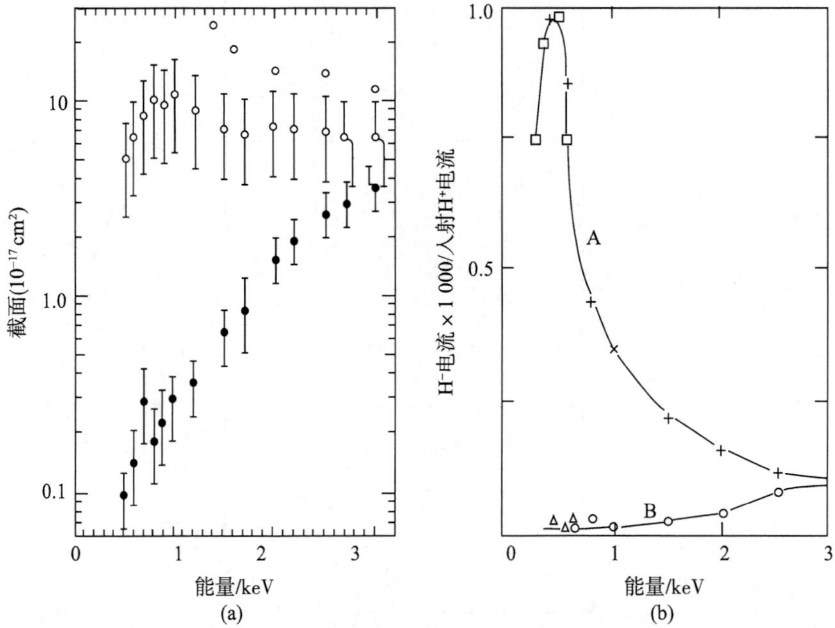

图 8-38 （a）Ar 原子基态和 H 原子亚稳态的电子俘获截面 σ_{1S-}, σ_{2S-} 作为能量的函数来自 Roussel[76]；（b）$H^+ \to H^-$ 电荷交换（即通过整个系统用于 LSS）在 Ar 上的基态和亚稳态 H 原子的产额与能量的函数关系，来自 Donnally 和索耶[73]。

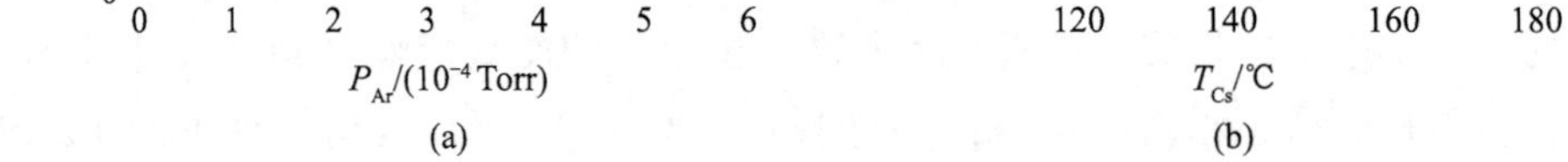

图 8-39 离子电流的比较[24]

（a）对于 $p^2 \cdot i$，优化氩气室压力；（b）对于 Cs 气室温度。

LSS 的最终限制至少有两方面。它们存在于在给定的低能量下工作以产生亚稳态的必要性中，亚稳态限制了由于空间电荷可以注入到 Cs 电荷交换区域的

H^+/D^+离子的电流。中和这种空间电荷的方法是将电子从加热的灯丝注入到极化强度<1.5 μA 的正离子束中[75]。另一个限制因素是亚稳态在 SONA 等磁场中快速运动产生的电场 $\boldsymbol{E}=\gamma\boldsymbol{v}\times\boldsymbol{B}$ 的相对论猝灭。

8.6 束流线中的自旋转动和维恩过滤器(Wien filter)中的进动

每个极化设备都需要在束流源和束流线上准备极化的能力，这样极化的绝对值及其在空间上的方向就可以被优化，后者是自由选择的。极化矢量的方向与极化张量主轴的方向一致（对于氘）。

8.6.1 束线中的自旋转动

通常束流线包含偏转磁场和偏转电场。后者不影响在空间固定坐标系中的偏振方向，当然偏振矢量和束流运动方向之间的夹角可能会改变。在磁场中（例如分析和开关磁铁），除了 $\boldsymbol{p}$ 平行于 $\boldsymbol{B}$ 的情况，自旋极化会进动。

（1）核自旋 I 在磁场中的进动可以用力矩和角动量 $\boldsymbol{M}=\boldsymbol{\mu}\times\boldsymbol{B}=g_I\mu_N\dfrac{1}{\hbar}(\boldsymbol{I}\times\boldsymbol{B})$ 和 $\boldsymbol{M}=\dfrac{\mathrm{d}\boldsymbol{I}}{\mathrm{d}t}$之间的经典关系来描述

$$\frac{\mathrm{d}\boldsymbol{I}}{\mathrm{d}t}=\frac{q}{2m}g_{\boldsymbol{I}}\cdot(\boldsymbol{I}\times\boldsymbol{B})=g_{\boldsymbol{I}}\cdot\mu_{\mathrm{N}}\frac{1}{\hbar}\cdot(\boldsymbol{I}\times\boldsymbol{B}) \tag{8-97}$$

对于质子（m_{p}=质子质量）

$$g_{\boldsymbol{I}}=\frac{m}{m_{\mathrm{p}}}\cdot\frac{e}{q}\cdot g_{\mathrm{Lande}} \tag{8-98}$$

$\dfrac{\mathrm{d}\boldsymbol{I}}{\mathrm{d}t}$垂直于 $\boldsymbol{I}$，即只有方向而没有 $\boldsymbol{I}$ 的绝对值的大小改变。同时$\dfrac{\mathrm{d}\boldsymbol{I}}{\mathrm{d}t}$垂直于 $\boldsymbol{B}$ 并且围绕着 $\boldsymbol{B}$ 旋转进动。拉莫尔（Larmor）进动周期由下式给出

$$\frac{2\pi}{T}=\left|\frac{\mathrm{d}\boldsymbol{I}}{\mathrm{d}t}\right|\frac{1}{|\boldsymbol{I}|\sin\phi}=g_{\boldsymbol{I}}\cdot\mu_{\mathrm{N}}\frac{1}{\hbar}|\boldsymbol{I}||\boldsymbol{B}|\sin\phi\frac{1}{|\boldsymbol{I}|\sin\phi} \tag{8-99}$$

进动与自旋和磁场之间的角度无关，并且以圆拉莫尔（Larmor）频率出现

$$\omega_{\mathrm{L}}=\frac{g_{\boldsymbol{I}}\mu_{\mathrm{N}}\boldsymbol{B}}{\hbar} \tag{8-100}$$

其中核磁子

$$\mu_{\mathrm{N}}=\frac{e\hbar}{2m_{\mathrm{p}}}=5.05\cdot10^{-27}\ \mathrm{J/T} \tag{8-101}$$

（2）质子和氘核的朗德 g 因子是：$g_p=5.586$ 和 $g_d=0.857$

（3）质子、氘和氚的磁矩都是正的。因此，对于正束流（如串列 Van de-Graaff 加速器的高能侧），自旋旋转在这些情况下的感觉与磁偏转是相同的。对于来自负离子源的束流则相反，这也必须在维恩（Wien）过滤器中加以考虑。

（4）自旋拉莫尔（Larmor）进动和磁场中的偏转用 $\omega_C=(q/m)\boldsymbol{B}$ 的回旋运动来描述，它们是成正比的，并且耦合在一起。极化方向相对于束流的变化就是进动角和偏转角之差。

（5）虽然最好在 y 轴沿 $\boldsymbol{k}_{in}\times\boldsymbol{k}_{out}$ 方向的坐标系中描述核反应，因此对每个探测器来说是不同的，但是在入射道中极化的制备最好是在 y 轴垂直于空间的束流固定坐标系中完成。z 轴与束流方向一致（在束流极化装置中，z 轴可能会改变），而 x 轴则与两者形成一个右手系统。从 x 轴开始计算极化矢量的方位角 φ。

（6）在偏转磁铁（y 方向 $\boldsymbol{B}$ 场）中，x-z 平面发生进动，固定方位角 φ 下自旋极角 $\Delta\beta$（从 z 轴测得）的变化为（正极性束流）：

$$\Delta\beta=\Delta\theta_L-\Delta\theta_C=\left(g\frac{m}{2m_p}-1\right)\Delta\theta_C \tag{8-102}$$

即，对于质子

$$\Delta\beta=1.793\cdot\Delta\theta_C \tag{8-103}$$

对于氘

$$\Delta\beta=-0.143\cdot\Delta\theta_C \tag{8-104}$$

对于负离子束

$$\Delta\beta=-\Delta\theta_L-\Delta\theta_C=\left(-g\frac{m}{2m_p}-1\right)\Delta\theta_C \tag{8-105}$$

8.6.2 维恩（Wien）过滤器中的自旋旋转

为了在靶处将极化方向设置为任何想要的角度，需要一个自旋旋转装置，最好已经在束流速度仍然很低的源处。为了达到这个目的，在束流源上可以绕束流轴转动的维恩（Wien）（速度）过滤器是特别适合的。在 z 方向的离子束速度 $\boldsymbol{v}$，x 方向的电场 $\boldsymbol{E}$，y 方向的磁场 $\boldsymbol{B}$ 的条件下，过滤器发射出满足条件

$$\boldsymbol{v}=\frac{\boldsymbol{E}}{\boldsymbol{B}} \tag{8-106}$$

的离子。对于理想参考束流，即中心 z 轴上的束流。对于有限发射度（即粒子具有横向动量分量）的扩展束流，不能同时满足上述条件。这导致了束流中最终自旋方向的一些（小）扩散，即去极化。这种效应可以通过在器件中心进行束流

交叉来减少。

在 Ohlsen[77]，Buballa[78]中描述了维恩滤波器中偏转场和进动引起的自旋方向的变化。关于自旋进动产生了两个问题：

（1）旋转一般用三个欧拉角来描述。然而，自旋矢量的方向完全由两个参数决定，即极坐标下的极角 β 和方位角 φ。因此，一个欧拉角是冗余的（即只能作为相位因子进入），另外两个欧拉角是与 β 和 φ 紧密连接的。

（2）可以证明，通过转动矩阵对自旋算子（如用泡利矩阵表示）的作用来描述旋量的量子力学转动完全等价于经典的作用于自旋矢量的 3×3 转动矩阵[78]。

如果用极坐标描述上面定义的束流固定坐标系 x，y 和 z 中自旋单位矢量的方向

$$\hat{S}=\begin{pmatrix}\sin\beta & \cos\phi\\ \sin\beta & \sin\phi\\ \cos\beta & \end{pmatrix}\tag{8-107}$$

然后通过极角和方位角 α 和 ψ 进行一般转动，得到

$$\begin{pmatrix}\hat{S}_{x'}\\ \hat{S}_{y'}\\ \hat{S}_{z'}\end{pmatrix}=\begin{pmatrix}\sin\beta' & \cos\phi'\\ \sin\beta' & \sin\phi'\\ \cos\beta' & \end{pmatrix}=\begin{pmatrix}\cos\alpha\quad\cos\psi & \cos\alpha\quad\sin\psi & \sin\alpha\\ -\sin\psi & \cos\psi & 0\\ \sin\alpha\quad\cos\psi & \sin\alpha\quad\sin\psi & \cos\alpha\end{pmatrix}\cdot$$

$$\begin{pmatrix}\sin\beta & \cos\phi\\ \sin\beta & \sin\phi\\ \cos\beta & \end{pmatrix}\tag{8-108}$$

对于所有转动都围绕 y 轴发生的加速器系统，即 $\psi=0$ 时，转动矩阵简化为

$$\begin{pmatrix}\cos\alpha & 0 & \sin\alpha\\ 0 & 1 & 0\\ -\sin\alpha & 0 & \sin\alpha\end{pmatrix}\tag{8-109}$$

通过应用这个矩阵的逆

$$\begin{pmatrix}\cos\alpha & 0 & -\sin\alpha\\ 0 & 1 & 0\\ \sin\alpha & 0 & \cos\alpha\end{pmatrix}\tag{8-110}$$

对于靶上任意期望的自旋方向，维恩过滤器磁场和方位方向的必要设置可以计算出来。在长度为 L 的垂直场 $\boldsymbol{B}$ 沿 z 的作用下，粒子的自旋（极化）矢量在 x–z 平面上运动，与 $|\boldsymbol{B}|$ 成正比，与 v 成反比。

$$\beta_{\text{prec}}=\frac{g_{\text{I}}\mu_{\text{K}}}{\hbar}\frac{(B\cdot L)_{\text{eff}}}{v}\tag{8-111}$$

一般情况下，场 **B** 的方位角方向决定极化围绕 z 轴的方位角。维恩过滤器 **E** 场被调整为极化束流的最大传输。同时，该装置作为一个速度过滤器（和质量过滤器的离子相同的能量）。在考虑其他偏转场（分析器或开关磁铁等）的自旋方向的后续变化后，总自旋变化由所有设备的转动矩阵的乘法来描述，可以在靶位置上实现每个期望的自旋方向。这种系统已经在 Basel[79]，Los Alamos[77]，Köln[74, 78]，COSY/Jülich[80]等建立和使用。很明显，由电场引起的束流偏转虽然不影响自旋，但也改变了极化矢量相对于 z 轴（运动方向）的方向。

图 8-40 展示了质子和氘核的矢量极化以及氘核的张量极化的进动曲线。用专门研制的极化仪，分别用^{3}He（d, p）^{4}He，^{4}He（p, p）^{4}He，和^{4}He（d, d）^{4}He 在串列 Van de-Graaff加速器加速后的反应测量了极化，并显示了极化的极角 β 的变化。通过绕束流轴旋转维恩过滤器，可以获得任意变化的方位角 φ。因此，在考虑了束运系统的其他离子光学元件如偏转磁铁等后，可以在实验装置的任意位置中选择极化矢量（或张量）的任意方向。维恩过滤器由柱形光学透镜组成，它们具有圆形截面的束流聚焦在束流线上圆柱形透镜，可以通过添加一个具有类似于电（或磁）四极单透镜特性的器件来改进[70]。用典型的张量极化仪，在三维排列中使用 4 或 5 个探测器，不仅可以确定极化量，而且可以确定空间中极化矢量的方向（见 Engels[81]，Czerwinski[82]等）。结果用于自旋定向的自旋进动装置的功能也可以不依赖于极化的绝对值来检查。维恩过滤器必须根据磁场线圈电流与进动角、方位定向的精确性和可能的零偏移进行校准，这些零偏移是由剩余磁场、环境场和铁饱和效应引起的非线性造成的。

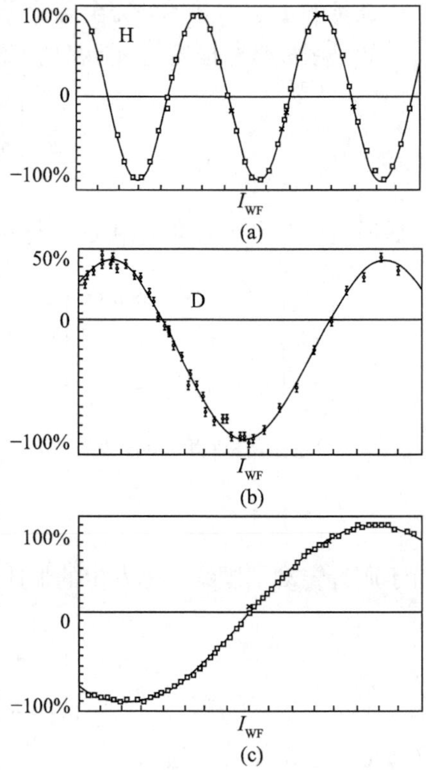

图 8-40 极化（值归一化到 100%）的进动曲线作为 Wien-filter 磁场电流的函数（对应的电场在给定粒子速度下是固定的，通过最大束流传输得到）

（a）质子的矢量极化；（b）氘核的张量极化；（c）氘核的矢量极化[74]

8.7　极化（气体）靶和存储气室

本书仅限于气体（极化束）靶。固体中产生极化的技术与这里要求的技术有很大的不同，并且部分基于固体和低温物理，超出了本文的范围，读者可以参考专门的文献。

极化（喷射流或束流）靶的物理和技术与ABS基本相同，不需要电离，基本要求是相互作用区域极化原子的最大（面积）密度。由于$\rho=j/v\propto jT^{-1/2}$的关系，束流的温度是很重要的。

由于这种射流的密度较低（约为$1\times10^{12}\ \mathrm{cm}^{-2}$），极化射流作为靶的真正潜力在于诸如COSY等存储环/同步加速器，其中加速束流穿过靶多次（通常为10^6次）。存储单元的额外使用增加了靶密度。一个存储气室由一根管子组成，极化束从一边注入其中，原子在离开管端被抽走之前与管壁进行多次碰撞。当使用极化束时，重要的特征是壁碰撞时的退极化程度。结果表明，特别是当储存环壁被一些复合率或去极化率较低的特殊材料覆盖时，可能发生数百次碰撞。在分子流动状态下（即当平均自由程比容器尺寸大时），出射流主要受管的尺寸和束流原子的温度控制。出射束和入射束强度的比值导致沿管的三角形压力分布和有效密度增加多达两个数量级的压力平衡。两篇综合文献涵盖了2005年之前极化气体靶的状态，参见Steffens和Haeberli[83]和Rathmann[84]。这种存储气室的面密度可以由管段的电导计算出来：图8-41

$$n=\int\rho_{\mathrm{H}^0}\mathrm{d}L\approx\frac{N_{\mathrm{H}^0}L}{2C_{\mathrm{tot}}}\tag{8-112}$$

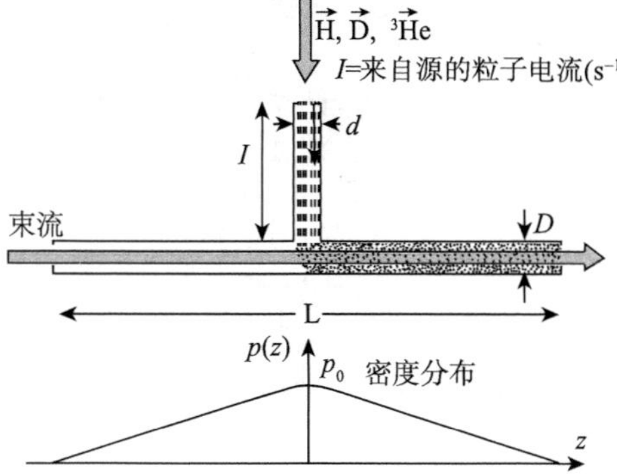

图8-41　极化原子沿气室顶部进入的典型压力分布的存储气室示意图（射束水平穿过气室）

N_{H^0}为进入侧管的极化 H 原子数，$L=L_1+L_2$ 为存储管总长度，L_3 为进料管长度。总电导是三个部分的电导之和：

$$C_{tot} = 3.81 \cdot 10^3 \sqrt{\frac{T}{m}} \sum_i \frac{d_i^3}{L_i + 1.33d_i} \left[\frac{cm^3}{s}\right] \tag{8-113}$$

式中：T 为电子管的热力学温度；m 为原子束的质量；d_i 和 L_i 为电子管段的直径和长度，单位为 cm。极化束已达到近 $n \approx 1 \times 10^{14}\ cm^{-2}$。图 8-42 展示了现代 ABS 将极化粒子注入 COSY-Jülich 的存储气室。实现了将存储气室原理应用于 CBS 极化离子源，并展示了这种方法具有可观的发展潜力[23,24]。

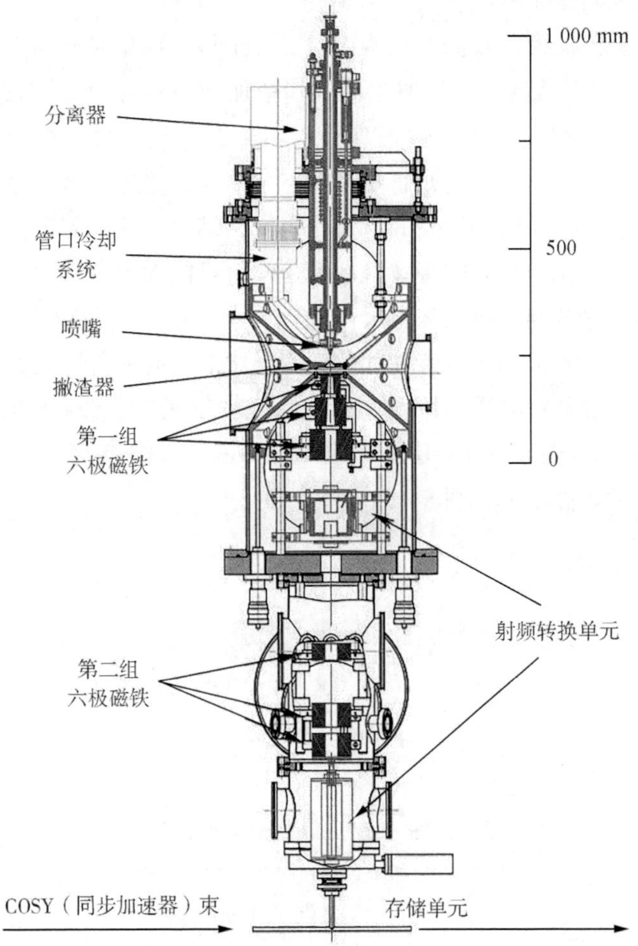

图 8-42　在 COSY-Jülich 的 ANKE 极化原子靶（Engels R，private communication，2010）

参考文献

[1] Gerlach, W. , Stern, O. : Z. Physik 9, 349(1922)

[2] Frazer, R. G. J. : Proc. Roy. Soc. A 114, 212(1927)

[3] Uhlenbeck, G. E. , Goudsmit, S. A. : Naturwissenschaften 13, 953(1925)

[4] Gerlach, W. , Stern, O. : Z. Physik 9, 353(1922)

[5] Thomas, L. H. : Nature 117, 514(1926)

[6] Friedrich, B. , Herschbach, D. : Phys. Today 53, December(2003)

[7] Feynman, R. P. , Leighton, R. B. , Sands, M. : The Feynman Lectures on Physics, vol. II chapter 35 and vol. III chapters 5, 6, 11, 35. Addison-Wesley, Reading(1965)

[8] Mitter, H. : Quantentheorie. BI-Hochschultaschenbuch, Mannheim(1976)

[9] Breit, G. , Rabi, I. I. : Phys. Rev. 38, 2082(1931)

[10] Clausnitzer, G. , Fleischmann, R. , Schopper, H. : Z. Physik 144, 336(1956)

[11] Clausnitzer, G. : Z. Physik 153, 600(1959)

[12] Rudin, H. , Striebel, H. R. , Baumgartner, E. , Brown, L. , Huber, P. : Helv. Phys. Acta34, 58(1961)

[13] Huber, P. , Meyer, K. P. (eds.): ProceedingsInternationalSymposiumonPolarizationPhenomena of Nucleons, Basel 1960, Helv. Phys. Acta Suppl. VI. Birkhäuser, Basel(1961)

[14] Singy, D. , Schmelzbach, P. A. , Grüebler, W. , Zhang, W. Z. : Nucl. Instrum. Methods Phys. Res. A 278, 349(1989)

[15] Berney, J. C. , Dick, L. , Kubischta, W. : Helv. Phys. Acta 59, 578(1986)

[16] Koch, N. , Steffens, E. : Rev. Sci. Instrum. 70, 1631(1999)

[17] Paetz gen. Schieck, H. , Busch, C. E. , Keane, J. A. , Donoghue, T. R. : In: [85] p.810(1971)

[18] Donoghue, T. R. , McEver, W. S. , Paetzgen. Schieck, H. , Volkers, J. C. , Busch, C. E. , Doyle, M. A. Sr. , Dries, L. J. , Regner, J. L. : In: [87] p. 840(1976)

[19] Halbach, K. : Nucl. Instrum. Methods 169, 1(1980)

[20] Vasiliev, A. , Paetz gen Schieck, H. et al. : Rev. Sci. Instrum. 71, 3331(2000)

[21] Kumada, M., Fujisawa, I., Hirao, Y., Iwashita, Y., Endo, M., Aoki, M., Kohda, T., Bolshakova, I., Holyaka, R.: IEEE Trans. Appl. Supercond. 12(1), 129(2002)

[22] Tenckhoff, G., Emmerich, R., Paetz gen. Schieck, H.: Verhdl. DPG, HK18. 13(2003)

[23] Emmerich R.: Ph. D. thesis, Universität zu Köln(2001)http://kups. ub. uni-koeln. de/volltexte/2007/2081

[24] Emmerich, R., Paetz gen. Schieck, H.: Nucl. Instrum. Methods Phys. Res. A 586, 387(2008)

[25] Abragam, A., Winter, J.: Phys. Rev. Lett. 1, 375(1958)

[26] Iwashita, Y., Tajima, Y., Ichikawa, M., Nakamura, S., Ino, T., Muto, S., Shimizu, H. M.: Nucl. Instrum. Methods Phys. Res. A 586, 73(2008)

[27] Ramsey, N.: Molecular Beams. Oxford University Press, New York(1956)

[28] Majorana, E.: Nuovo Cimento 9, 43(1932)

[29] Paetz gen. Schieck, H.: Nucl. Instrum. Methods Phys. Res. A 587, 213(2008)

[30] Haeberli, W.: Ann. Rev. Nucl. Sci. 17, 373(1967)

[31] Philpott, R. J.: Nucl. Instrum. Methods Phys. Res. A 259, 317(1987)

[32] Beijers, J. P. M.: Nucl. Instrum. Methods Phys. Res. A 536, 282(2005)

[33] Glavish, H.: In: [85], p.267(1971)

[34] Oh, S.: Nucl. Instrum. Methods 82, 189(1970)

[35] Hasuyama, H., Kanda, Y., Katase, A., Wakuta, Y.: Nucl. Instrum. Methods 207, 475(1983)

[36] Hasuyama, H., Wakuta, Y.: Nucl. Instrum. Methods Phys. Res. A 260, 1(1987)

[37] Landau, L. D.: Phys. Z. Sowjetunion 2, 46(1932)

[38] Zener, C.: Proc. Roy. Soc. A 137, 696(1932)

[39] Stückelberg, E. C. G.: Helv. Phys. Acta 5, 369(1932)

[40] Fite, W. L., Brackmann, R. T.: Phys. Rev. 112, 1141(1958)

[41] Kieffer, L. J., Dunn, G. H.: Rev. Mod. Phys. 38, 1(1966)

[42] Glavish, H.: Nucl. Instrum. Methods 65, 1(1968)

[43] Engels, R.: Ph. D. thesis, Universität zu Köln. http://kups. ub. uni-koeln. de/volltexte/2003/777(2002)

[44] Engels, R. , Emmerich, R. , Ley, J. , Tenckhoff, G. , Paetz gen. Schieck, H. : Rev. Sci. Instrum. 74, 4607(2003)

[45] Engels, R. , Emmerich, R. , Grigoriev, K. , Paetz gen. Schieck, H. , Mikirtytchiants, M. , Rathmann, F. , Sarkadi, J. , Seyfarth, H. , Tenckhoff, G. , Vasilyev, A. : Rev. Sci. Instrum. 76, 053305(2005)

[46] Clegg, T. B. , Hooke, W. M. , Crosson, E. R. , Lovette, A. W. , Middleton, H. L. , Pfutzner, H. G. , Sweeton, K. A. : Nucl. Instrum. Methods Phys. Res. A 357, 212(1995)

[47] Friedrich, L. , Huttel, E. , Schmelzbach, P. A. : Nucl. Instrum. Methods Phys. Res. A 272, 906(1988)

[48] Haeberli, W. : Nucl. Instrum. Methods 62, 355(1968)

[49] Haeberli, W. , Barker, M. D. , Gossett, C. A. , Mavis, D. G. , Quin, P. A. , Sowinski, J. , Wise, T. : Nucl. Instrum. Methods 196, 319(1982)

[50] Annual Report, p.51, Strahlenzentrum Universität Giessen(1981)

[51] Eggert, M. , Paetz gen. Schieck, H. : Nucl. Instrum. Methods Phys. Res. A 453, 514(2000)

[52] Ebinghaus, H. , Holm, U. , Klapdor, H. V. , Neuert, H. : Z. Phys. 199, 68 (1967)

[53] Bartosz, E. et al. : Phys. Lett. B 488, 138(2000)

[54] Kondo, M. , Kobayashi, S. , Tanifuji, M. , Yamazaki, T. , Kubo, K. -I. , Onishi, N. (eds): Proceed-ings of 6th International Symposium on Polarization Phenomena in Nuclear Physics, Osaka 1985, Suppl. J. Phys. Soc. Jpn. 55 (1986)

[55] Darden, S. E. : In: [85] p.39(1971)

[56] Mendez, A. , Myers, E. G. , Kemper, K. W. , Kerr, P. L. , Reber, E. L. , Schmidt, B. G. : Nucl. Instrum. Methods Phys. Res. A 329, 37(1993)

[57] Cathers, P. D. , Green, P. V. , Bartosz, E. E. , Kemper, K. W. , Marechal, F. , Myers, E. G. , Schmidt, B. G. : Nucl. Instrum. Methods Phys. Res. A 457, 509 (2001)

[58] Weintraub, W. D. , Cathers, P. D. , Green, P. V. , Bartosz, E. E. , Kemper, K. W. , Marechal, F. , Myers, E. G. , Schmidt, B. G. : Nucl. Instrum. Methods Phys. Res. A 491, 349(2002)

[59] Zelenski, A. : In: [86](2011)

[60] Lamb, W. E. Jr. , Retherford, R. C. : Phys. Rev. 79, 549(1950)

[61] Breit, G. , Teller, E. : Astrophys. J. 91, 215(1940)

[62] Sona, P. G. : Energia Nucleare 14, 295(1967)

[63] McKibben, J. L. , Lawrence, G. P. , Ohlsen, G. G. : Phys. Rev. Lett. 20, 1180(1968)

[64] Morgan, T. J. , Olson, R. E. , Schlachter, A. S. , Gallagher, J. W. : J. Phys. Chem. Ref. Data 14, 971(1985)

[65] Bechtold, V. , Friedrich, L. , Ziegler, P. , Aniol, R. , Latzel, G. , Paetz gen. Schieck, H. : Nucl. Instrum. Methods 150, 407(1978)

[66] Pradel, P. , Roussel, F. , Schlachter, A. S. , Spiess, G. , Valance, A. : Phys. Rev. A 10, 797(1974)

[67] Ohlsen, G. G. , McKibben, J. L. , Los Alamos Scientific Lab. Report LA-3725 (1967)

[68] Trützschler, A. : Diploma thesis, Universität zu Köln(1994, unpublished)

[69] Franke, C. : Diploma thesis, Universität zu Köln(1995, unpublished)

[70] Weske C. : Diploma thesis, Universität zu Köln(2003, unpublished)

[71] Knutson, L. D. : Phys. Rev. A 2, 1878(1970)

[72] Brückmann H. , Finken D. , Friedrich L. : Nucl. Instrum. Methods 87, 155 (1970) and: In: [85]p.823(1971)

[73] Donnally, B. L. , Sawyer, W. : Phys. Rev. Lett. 15, 439(1965)

[74] Reckenfelderbäumer, R. : Diploma thesis, Universität zu Köln(1989, unpublished)

[75] Sagara, K. : Few-Body Systems 48, 59(2010)

[76] Roussel, F. : Phys. Rev. A 16, 1854(1977)

[77] Ohlsen, G. G. :Los Alamos Scientific Lab. Report LA-4451(1970)

[78] Buballa, M. : Diploma thesis, Universität zu Köln(1999, unpublished)

[79] Paetz gen. Schieck, H. , Huber, P. , Petitjean, Cl. , Rudin, H. , Striebel, H. R. : Helv. Phys. Acta 40, 414(1967)

[80] Weidmann, R. , Glombik, A. , Meyer, H. , Kretschmer, W. , Altmeier, M. , Eversheim, P. D. , Felden, O. , Gebel, R. , Glende, M. , Eggert, M. , Lemaître, S. ,Reckenfelderbäumer, R. , Paetz gen. Schieck, H. : Rev. Sci. In-

strum. 67, 1357(1996)
[81] Engels, R. : Diploma thesis, Universität zu Köln(1997, unpublished)
[82] Czerwinski, A. : Diploma thesis, Universität zu Köln(1999, unpublished)
[83] Steffens, E. , Haeberli, W. : Rep.Progr. Phys. 66, 1887(2003)
[84] Rathmann, F. : Nucl. Instrum. Methods Phys. Res. A 536, 235(2005)
[85] Barschall, H. H. , Haeberli, W. (eds.): Proceedings of 3rd International Symposium on Polariza-tion Phenomena in Nuclear Reactions, Madison 1970, University of Wiscon*sin* Press(1971)
[86] Rathmann, F. , Ströher, H. (eds.): Proceedings of International Spin Conference (SPIN2010), Jülich 2010. Published as Open Access by IOP Conferenceseries(2011)
[87] Grüebler, W. , König, V. (eds.): Proceedings of 4th International Symposium on Polarization Phenomena in Nuclear Reactions, Zürich 1975, Birkhäuser, Basel (1976)

第九章

光抽运极化

9.1 原理

光抽运主要应用于极化的碱和氢原子束，见 8.4，采用自旋交换的方法。对于极化^3He靶，使用了亚稳性和自旋交换。

9.2 ^3He 的极化

利用光抽运方法成功地实现了^3He的极化。极化^3He气体靶已经用于许多核与粒子物理实验。一个有趣的特征是极化^3He在很大程度上相当于一个几乎完全极化（超过 80%）的中子。然而，由于中子被束缚在一个三核子环境，从微观理论上说，修正是必须的。因此，$\overrightarrow{^3He}$靶不仅用于诸如^3He（d，p）^4He[1] 和^3He（p，p）^3He[2] 等低能核实验研究，也用于诸如 DESY-HERMES[3] 等粒子物理实验，以了解电子散射中中子的自旋结构。另一个有趣的应用是，一束中子通过极化$\overrightarrow{^3He}$靶后成为一束高极化中子，见 10.3 节。由于总截面对（相对）自旋方向有很强的依赖性，该系统起到了一个有效的自旋过滤器的作用。基础核科学和有趣应用领域的发展可以跟进专题会议和讲习班的会议记录，见文献［4-6］。

本章将介绍两种基本方案，即自旋交换（SEOP）方法和亚稳态交换（MEOP）方法。电子自旋为零的（氦）原子的自旋结构不同于氢原子的自旋结构，只有极少的核在磁场中的塞曼分裂才能使用斯特恩-格拉赫（Stern-Gerlach）或兰姆移位（Lambshift）方案。另一方面，由于原子核与电子环境的相互作用

（即与其他原子、壁等碰撞）较弱，因此核极化的弛豫时间较长。因此，玻璃容器中气体^{3}He 的光抽运是首选的方法。两种方法都有各自的优缺点。

9.2.1　通过亚稳态交换的极化

在这里，光抽运从^{3}He 原子的受激 2S 能级开始到 2P 能级的超精细亚稳态。图 9-1 给出了^{3}He 和^{4}He 的原子能级排布图的相关部分。因此，原子必须通过^{3}He 样品的微弱射频放电（约为 40 MHz）被激发到 2S 态。结果表明，在^{3}He 气体压力 p_{gas}约为 0.4 kPa 时，该过程的效率（由图 $p^2 \cdot p_{gas}$测量）最大。早期的努力是利用液体镓[7]和在 Ti 容器中装有 Al_2O_3 陶瓷活塞的活塞泵或装有水银[8]的托普勒压缩泵来压缩极化的^{3}He 气体，而不造成实质性的极化损失。该系统已在美因茨（Mainz）[9]得到完善，用于中高能核与粒子物理实验[10]以及应用于医学物理，见第 13 章。

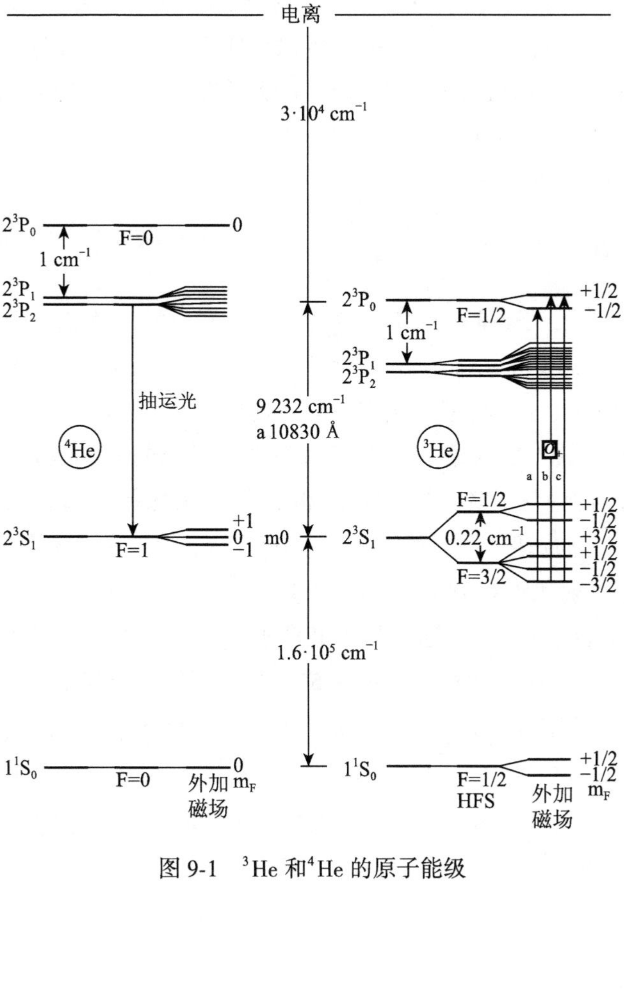

图 9-1　^{3}He 和^{4}He 的原子能级

这个跃迁的波长是 1 083 nm，属于近红外波段。在此范围内的激光器出现之前，必须使用充有^{4}He 的气体放电灯来发射与强 2P → 2S 跃迁相对应的这个波长，导致核极化值约为 20%。今天氪弧灯泵浦的 Nd：LNA 型激光器（如文献［11］）和宽带掺镱可调谐光纤激光器（如文献［12］）允许高光谱强度和高核极化值，可达 70%或更高。

抽运光必须通过常规的线偏振片加 λ/4 波片组合得到左旋或右旋圆偏振光。亚稳态 2S 原子高的核极化通过与非极化基态原子碰撞转移到基态，这一过程称为亚稳态交换。

自旋极化的弛豫时间很长，但对杂质，尤其是磁性材料的杂质非常敏感。因此，必须使用经过彻底清洗的特殊材料的玻璃容器作为抽运单元和可能的靶单元，在靶单元中，束流进出窗口也是如此。由于低密度对加速器实验和医学应用有很大的限制，因此所讨论的压缩方案提供了在高极化值 60%和长弛豫时间下靶压力大于 1 bar 的压缩方案。靶单元已经从抽运单元中分离出来了。对于医学应用，可用常规方法产生大量样本，并且可以在便携式磁场中长时间运输。

图 9-1 展示了在激光出现之前，由^{4}He 跃迁发出的光被用来抽送^{3}He 跃迁导致^{3}He 核的净核极化。^{4}He 束流是从射频激发的气体放电中发射出来的。更多细节请参见参考资料[1,13,14]。

9.2.2 自旋交换

在这里，光抽运是在基态的铷等碱性蒸气中完成的（无需射频激发）。因此，样品可以在比亚稳态交换情况高得多的密度下（几巴的压力，即 300~800 kPa）抽运。二极管激光阵列输出功率可达 100 W，提供线性极化光，λ/4 波片提供必要的强圆极化辐射。图 9-2 描绘了一个使用圆极化激光的光抽运过程的简化方案，从而耗尽一个自旋基态，填充另一个。Rb 蒸气必须保持在最佳密度，即通过加热达到约 185℃。抽送时间通常为一天，800 hPa 的^{3}He 和 1%的 N2[15]混合。被激发的 Rb 原子发射出非极化光子，这些光子可以激发周围的 Rb 原子，从而导致去极化（“辐射俘获”）。通过加入氮分子，氮分子吸收能量进入转动和振动激发态，这种效应可以大大降低到只有 5%的受激原子发射光子。铷（Rb）蒸气与^{3}He 和 N_2 混合，密度为 n（Rb）≪n（N_2）≪n（^{3}He）。最后的极化由激光功率和碰撞产生的自旋破坏率给出。Rb-^{3}He 碰撞通过超精细相互作用将 Rb 原子的极化转移到^{3}He 原子。然而，传输率很小（约 3%）。因此，转移过程是相当低效的，并且在退极化碰撞存在的情况下，需要很长的抽运时间。这些退极化效应

来自磁杂质敏感的 $^3He-^3He$ 碰撞（偶极子相互作用）和 ^3He-壁碰撞，以及磁场梯度。加入 K 作为额外的蒸气，其与 Rb 和 ^3He 的自旋交换速率比单独与 Rb-^3He 的自旋交换速率要高得多（SEOP 过程），使抽运过程更有效（“混合气室”）。在低顺磁铝硅酸盐玻璃（GE180）的玻璃容器上涂敷合适的无机化合物如 $Al(NO_3)_3 \cdot 9H_2O$，改善了最终的 ^3He 极化，已经达到 60%以上的值。抽运时间通常为几十小时，比 MEOP 长得多。为了在束流照射条件下作为实际靶，分离了抽运和靶单元的功能。所需要的两个单元，用管子连接，或者两个单独的单元——一个用于抽运，另一个作为靶单元——必须处于一个非常均匀的磁场（亥姆霍兹线圈）中，并保持在较高的温度下。特殊的玻璃组合（铝硅酸盐，硼硅酸盐）用于抽运和靶容器是必要的，而且低能实验所需的细束流进出窗口也会造成问题。用低弛豫玻璃（如 MEOP 所为）制成，但在 SEOP 使用的更高压力下保持稳定，会导致无法接受的厚度。另一方面，没有发现与特殊玻璃相比具有较小弛豫速率的薄箔。因此，选择 SEOP 和 MEOP 必须权衡更好的极化、更低的靶密度和额外的压缩装置，该装置用于对抗更快的弛缓、更长的抽运时间，以及更高的靶密度。文献［2，15-17］中介绍了用于低能核物理实验的极化 ^3He 靶及其特殊问题以及高压实验的最新进展。

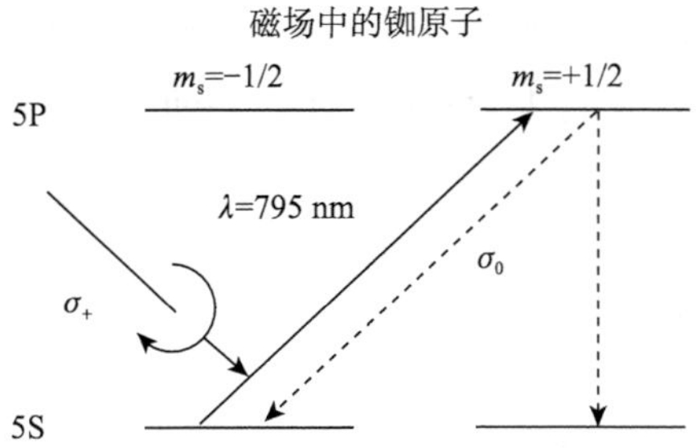

图 9-2　从 $\lambda = 795$ nm 的半导体激光器发出的右旋圆偏振光使 $m_s = +1/2$ 态填满，$m_s = -1/2$ 态耗尽，导致 Rb 原子的正电子极化

9.3　极化 ^3He 束离子源

直到 1984 年，三个连接到加速器的运行 $\overrightarrow{^3He}$ 源被建造并用于核物理实验（在伯明翰、拉瓦尔和赖斯/德克萨斯 A&M）。例如，伯明翰源是兰姆移位（Lamb-shift）型的，但在 $^3He^{++}$ 产生的类氢 $^3He^+$（2S）态中有自旋态选择。因此，获得

的束流强度和/或极化相当低，见参考文献［18］。鉴于近年来光抽运技术的重大进展，人们提出了一些关于极化^{3}He 束源的建议，但迄今尚未实现。

参考文献

[1] Leemann, Ch. , Bürgisser, H. , Huber, P. , Rohrer, U. , Paetz gen. Schieck, H. , Seiler, F. : Helv. Phys. Acta 44, 141(1971)

[2] Daniels, T. V. , Arnold, C. W. , Cesaratto, J. M. , Clegg. T. B. , Couture, A. H. , Karwowski, HJ. ,Katabuchi, T. : Phys. Rev. C 82, 034992(2010)

[3] DeSchepper, D. et al. : Nucl. Instrum. Methowls Phys. Res. A 419, 16(1998)

[4] Tanaka, M. (ed.): Proceedings of the 7th Intemational RCNP Workshop on Polarized ^{3}He Beams and Gas Targets and Their Applications "HELION97", Kobe 1997. North Holland, Amsterdam(1997)

[5] Heil, W. (ed.): Proceedings of the International Conference on Polarized ^{3}He ("HELION02"), Oppenheim 2002, on CD-ROM(2003)

[6] JCNS Workshop on Trends in Production and Applications of Polarized ^{3}He, Ismaning 2010, IOP J. of Physics: Conference Series(2011)

[7] Szaloky, G. , Huber, P. , Leemann, Ch. , Rohrer, U. , Seiler, F: Helv. Phys. Acta 43, 745(1970)

[8] Timsit, R. S. , Daniels, J. M. : Can. J. Phys. 49, 545(1971)

[9] Otten, E. : Europhysics News Jan. /Febr. p.16(2004). http://ww.europhysics-news.org

[10] Heil W. : http://www.physik.uni-mainz. de/helion02 and: In: [5]

[11] Gentile, T. R. , McKeown, R. D. : Phys. Rev. A 47, 456(1993)

[12] Tastevin, G. , Grot, S. , Courtade, E. , Bordais, S. , Nacher, P. J. : Appl. Phys. B: Lasers and Optics 78, 145(2004)

[13] Leemann, Ch. , Bürgisser, H. , Huber, P. , Rohrer, U. , Paetz gen. Schieck, H. , Seiler, F. : Ann. Phys. (N. Y.)66, 810(1971)

[14] Huber, P. , Leemann, Ch. , Rohrer, U. , Seiler, F. : Helv. Phys. Acta 42, 907(1969)

[15] Katabuchi, T. , Buscemi, S. , Cesaratto, J. M. , Clegg, T. B. , Daniels, T. V. , Fassler, M. , Neufeld, R. B. , Kadlecek, S. : Rev. Sci. Instrum. 76, 033503

(2005)

[16] Kramer, K. , Zong, X. , Lu, R. , Dutta, D. , Gao, H. , Quian, X. , Ye, Q. , Zhu, X. , Averett, T. , Fuchs,S. : Nucl. Instrum. Methods Phys. Res. A 582, 318(2007)

[17] Karban,0. , Oh, S. , Powell, W. B. : Phys. Rev. Lett. 33, 1438(1974)

[18] Ye, Q. , Laskaris, G. , Chen, W. ,Gao, H. , Zheng, W. , Averett, T. , Cates, G. D. , Tobias, W. A. :Eur. Phys. J. A 44, 55(2010)

第十章

通过其他方法产生极化

10.1　由核反应产生极化带电粒子束流

在极化离子源以其显著的优势与加速器相连接之前，必须在核反应中产生极化粒子。这种方法有许多缺点。

(1) 出射粒子束流强度低。

(2) 由于能量和角度扩散，“束流”品质很差。

(3) 依赖于自旋相关相互作用的细节。

(4) 极化对特定核反应的能量和角度的依赖。

10.2　由核反应产生极化中子束流

对于低到 MeV 量级的极化中子引起的核反应，必须在核反应中产生极化中子（“双散射”）。为了获得高中子强度，使用厚靶，需要大的截面和高极化值，其中 $p_n^2 \cdot \mathrm{d}\sigma\ (\Theta)\ /\mathrm{d}\Omega$ 必须最大（p_n 为中子极化）。图 10-1 展示了非极化入射弹核的一些相关反应，以及高极化入射粒子从一个极化离子源发出的加速带电粒子束的极化转移。很明显，后者的效率比品质因子高一个数量级。详情见参考文献［1］。参考文献［2］介绍了 D（$\vec{\mathrm{d}}$，$\vec{\mathrm{n}}$）^{3}He 反应的最新进展，其中出射中子的极化必须用合适的极化仪来测量，并提供了相关的参考文献。中子极化仪的校准需要作特殊规定，包括中子探测器探测效率的确定。

图 10-1 的曲线（实线）是利用高极化质子或氘核在 0℃下的极化转移获得的，下面的曲线是由未极化弹核在 $\Theta_{\mathrm{c.m.}} = 45°$角（虚线）和 $\Theta_{\mathrm{lab}} = 30°$（点划线）

诱发的中子极化反应获得的。这些线是对多个源的数据进行插值，品质因子尺度相对较好地体现了极化转移法的优越性。

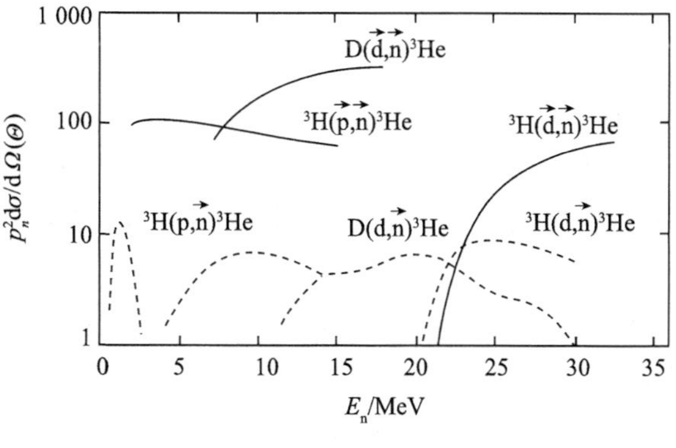

图 10-1 三种产生中子反应的厚靶产额优值图

10.3 自旋过滤：低能中子与超极化^{3}He 的相互作用

用极化$\overrightarrow{^3He}$作为中子自旋过滤器的基本思想已经在麦迪逊（Madison）研讨会[4]上被波斯特马（Postma）[3]讨论过了。极低能量中子的总（吸收）截面，例如来自反应堆的中子，已被证明对^{3}He 靶的极化非常敏感。宽能量范围（<1 keV）是冷中子、热中子和超热中子的能量范围。如果能获得高极化和面密度的透射型靶，这种效应有助于构造高效的极化器和极化分析系统。利用上面讨论的光抽运方法（SEOP 和 MEOP 加压缩），这些系统已经建立并应用于基础研究和应用研究。它基本上是^{3}He（n，p）^{3}H 反应，在 $E_n=-518$ keV 处具有强 $J^\pi=0^+$态（共振），但宽度约为 400 keV，因此可以被低能中子激发。^{3}He（n，p）^{3}H 反应的积分截面为 $\sigma_r\approx 850$ b，而弹性散射的积分截面为 $\sigma_{el}\approx 3$ b，因此完全主导 n+^{3}He 相互作用。此外，该反应的自旋结构迫使它只能发生在自旋反平行于$\overrightarrow{^3He}$极化的中子之间，从而对这些中子产生强吸收，对其他中子产生高透射。这两组的转换是

$$\tau_\pm=\frac{1}{2}\exp\left[-(\sigma_0\pm\sigma_p q_z)\ nl\right] \tag{10-1}$$

式中：$\sigma_0=\frac{1}{2}(\sigma_++\sigma_-)$，$\sigma_p=(\sigma_+-\sigma_-)$为未极化和极化截面；$q_z$ 为^{3}He 的极化；n 为数密度；l 为极化^{3}He 样品的长度。中子极化是透射比$\rho=\tau_+/\tau_-$的函数

$$p_n=\frac{\rho-1}{\rho+1}\approx\tanh\ (\sigma_p q_z nl) \tag{10-2}$$

透射束的强度正比于

$$\tau_n=\tau_+ +\tau_- \approx\tau_0\cosh\ (\sigma_p q_z nl) \tag{10-3}$$

式中：$\tau_0=\exp\ (-\sigma_0 nl)$ 是同一非极化样品的透射率。因此，比值 τ_0/τ_n 是中子极化的量度。现代极化器系统的中子极化率几乎达到了 100%。在不同的密度 $(n\cdot l)$下，在不同的中子能量下，其“不透明度” $\sigma\cdot n\cdot l$ 是最大的。

10.4 对极化反质子的自旋过滤

本文讨论了极化反质子的极化系综和非极化系综相互作用的自旋过滤方法。由海德堡测试储存环（Test storage ring）的 FILTEX（过滤实验. Filter experiments）合作进行的实验证明，在高密度存储单元中，在与极化质子碰撞的过程中，形成了弱极化（$p<0.025$）的质子。看来，极化建立的机制是一个过滤过程，而不是极化转移。在达姆施达特（Darmstadt）正在建造的反质子和离子研究设施（Facility for Antiproton and Ion Research，FAIR）中，（极化）反质子的使用在许多方面被认为是重要的，PAX 合作提出了一个专门的项目，首先在 COSY-Jülich 上，然后在 FAIR 上设计一个专门的设备之前，在 CERN 的 AD（反质子减速机）上研究自旋过滤。通过在高达 250 MeV 的反质子极化环（antiproton polarizer ring，APR）中过滤产生极化反质子后，p^-将与冷却同步环（cooler synchrotron ring，CSR）中的质子一起以高达 3.5 GeV 的能量存储和冷却，然后以高达 15 GeV 的能量注入 HESR（高能量存储环）。具体细节可以在文献［5-8］中找到。

参考文献

［1］Simmons, J. E., Broste, W. B., Donoghue, T. R., Haight, R. C., Martin, J. C.: Nucl. Instrum. Methods 106, 477(1971)

［2］Roper, C. D., Clegg, T. B., Dunham, J. D., Mendez, A. J., Tornow, W., Walter, R. L.: Few-Body Systems 47, 477(2010)

［3］Postma, H.: In:［4］p.373(1971)

［4］Barschall, H. H., Haeberli, W. (eds.): Proceedings of the 3rd International Symposium on Polarization Phenomena in Nuclear Reactions. Madison 1970, Uni-

versity of Wisconsin Press, Madison(1971)
[5] Rathmann, F. : In: [6] p.106(2008)
[6] Barber D. P. , Buttimore N. , Chattopadhyai S. , Court G. , Steffens E. (eds.): Proceedings of the International Workshop on Polarized Antiprotons. Warrington, 2007. AIP Conf. Proc. 1008, New York(2008)
[7] Crabb, D. G. , et al. (eds.): Proceedings of the 18th International Symposium on Spin Physics, Charlottesville, 2008. AIP Conf. Proc.1149, New York(2009)
[8] Lenisa, P. , Rathmann, F. : CERN Courier 50(6), 21(2010)

第十一章

极化观测量的测量

任何探测器在核反应中要测量的主要量总是反应产物的强度。与极化观测相反，非极化截面没有方位角依赖关系。因此，这些观测值的测量必须依赖于前几章中描述的 φ 依赖性。而对于非极化截面，只有入射和出射束的两个 z 方向对极化测量具有物理意义，坐标系统的选择对于正确描述可观测物是很重要的。给定系统（反应）的 φ 依赖性依赖于两个方面：

（1）系统的自旋结构；

（2）可观测量的类型。

给出了两个自旋 1 粒子的自旋相关截面的一个例子（见图 5-2）。当然，为了在核反应中获得极化效应，需要一些自旋相关的力的作用。两个点电荷之间的纯库仑力（卢瑟福散射）是自旋无关的，而 $\boldsymbol{l}\cdot\boldsymbol{s}$ 力（例如核结构的壳模型以及核子弹性散射的光学模型所需的力）导致入射粒子被极化时出射粒子的左-右不对称或者入射粒子非极化而出射粒子极化（如上所述，两种情况通过时间反演不变性联系起来）。这种出射极化也可以通过显示左-右不对称的另一个反应（“双散射”）来测量，这也是入射束被极化时的极化转移测量原理。左-右不对称是最简单的情况，例如自旋 1/2 散射遵循 $\cos\varphi$ 依赖。自旋 1 粒子的张量极化产生例如 $\cos 2\varphi$ 项，可以通过适当布置多个探测器同时运行或通过围绕 z 轴转动一个或几个探测器进行不同的运行来测量。很明显，在这种情况下，运行必须彼此规范化。实验（仪器）不对称必须通过翻转极化矢量和/或交换探测器来避免或消除。Ohlsen 等人对系统误差、自旋翻转等问题进行了详细的讨论。通过考虑一个给定精度的实验所需的测量时间，可以得到一个比值，它总是强度（或：截面；对于极化靶：密度）乘以极化分量的平方。所有的极化实验和器件都应该通过最大化这个品质因子来优化。对极化的二次依赖表明，极化值（或例如，对于极化仪反应：分析本领）应该尽可能高。第 12 章讨论了极化和分析本领的绝对校准这一重要问题。

参考文献

[1] Ohlsen, G. G. Keaton, P. W. Jr. : Nucl. Instrum. Methods 109, 41 and 61 (1973)

第十二章

极化测量

束流的极化主要是通过左右或（对于更高自旋）通过核反应中更复杂的空间不对称性/各向异性来测量。但无论如何，必须知道高精确度的相关分析本领，因为它们的误差直接进入测量反应的误差之中。因此，绝对校准分析的方法在这里是特别重要的。在没有核反应可以用以极化测量的情况下，例如在极化源、在储存单元之中或之后或在光抽运极化气体靶（如^{3}He，^{129}Xe）的测量上，必须使用电子壳层的性质。通过超精细相互作用，核极化可以从电子极化中推导出来。

在兰姆移位（Lambshift）极化离子源中，极化可以通过使用“猝灭比”法测量，即通过比较在自旋过滤器之后，有和没有电场对亚稳态的猝灭情况下的束流强度。对于储存单元靶，通过电子激发氢（H）或氘（D）原子发出巴耳沫（Balmer）荧光射线，其圆极化是原子极化的量度[1]，研制了巴耳沫极化仪。在光抽运气体靶中，诱发了一种核磁共振信号，其信号强度是极化的量度。特别在极化靶物理过程的开始阶段，泵抽运辐射的光吸收信号便得到测量[2-4]，并且由于随极化的增强，吸收趋于零的现象，合理地确定了电子的极化。

12.1 绝对方法

12.1.1 时间反演和双散射

经典的方法是进行双散射实验。互易定理（时间反演不变性）等同于（在其他可以观察的事物中）由非极化离子引起在（时间）反演中产生的极化正向反应的分析本领（在入射道内制备极化粒子）。对于弹性散射，正向反应和逆反应是相同的。因此，当在与入射的非极化粒子发生散射反应产生出射极化并使用同样的反应对其分析时，以下关系（对于1/2自旋的粒子）适用于二次散射：

$$\sigma_{pol}=\sigma_0(1+p^2\sin\Phi)=\sigma_0(1+A^2\sin\Phi) \tag{12-1}$$

左右不对称性的测量会得到 A 或 p，但不是它们的符号。两种散射必须在相同的质心能量和相同的散射角条件下进行测量，这将导致能量损失，能量分散等实际问题。这些问题可以通过在合适能量下进行额外的相关测量来克服。A（或 p）的符号可以从（可计算的）卢瑟福振幅的干涉项中获得（对于带电粒子）。

12.1.2 散射振幅的分析行为

假如散射振幅只随能量连续变化，Plattner 等人[5]证明在分析本领假定达到最大值时的条件下，能量必定存在。为此使用以下论点：假设散射系数 f（E）和 g（E）的实部和虚部分别使得（矢量）分析本领为最大值且等于1。有以下定义：

$$A_y=2\frac{\mathrm{Im}(fg^*)}{|f|^2+|g|^2}=2\frac{\mathrm{Re}(f^*\ (-ig))}{|f|^2+|g|^2} \tag{12-2}$$

分析本领最大值的条件如下：

$$g=\pm if\rightarrow |f|=|g|=1 \text{ 和 } f\perp g \tag{12-3}$$

即 f 和 g 有 $\pi/2$ 的相对相位差。设置任意 $f=e^{i\varphi}$ 为实数且 $=1$，则 $g=\pm i f$。因此，这需要获得在较小角度和较小能级的较大 A_y 值附近的实验数据。使用相移（或散射振幅）分析，必须找到一个满足这些条件的点（假设存在这样的点）。很多这样的点已经被发现，例如对于“经典”的分析反应 ^{4}He（$\vec{\mathrm{p}}$，p）^{4}He。下表展示了这个反应中这样的点：

$E_{p,lab}$	$\Theta_{c.m.}$
1.90±0.02 MeV	88.0±0.25°
6.35±0.04 MeV	128.8±0.1°
12.30±0.04 MeV	125.5±0.1°

作者建议增加反应 ^{4}He（n，n）^{4}He 和 ^{3}He−^{4}He 弹性散射（在 E_α= 15.3 MeV 的反应 ^{3}He（α，^{3}He）^{4}He，$\Theta_{^3He,lab.}=45°$时 $A_y=-1$）反应的校准点。

对于氘反应的矢量和张量分析本领，发现了导致出现绝对标定点的类似行为[6]。一个例子是：^{3}He（d，p）^{4}He 反应，其绝对标定点为在 $E_d=9$ MeV 和 $\Theta_{c.m.}=27°$时 $A_{yy}=1$。

12.1.3 由于特殊自旋结构的标定点

具有特殊自旋结构的系统可能表现出只与对称性相关而与反应动力学无关的

分析本领。它们假定某些量与能量和角度无关[7]。例子是自旋（和宇称）结构的所有反应

$$0^+ + 1^+ \rightarrow 0^+ + 0^+ \tag{12-4}$$

这里，转动和宇称不变性将分析本领限制为与能量和角度无关的固定值。如可以使用例如 FATSON 程序计算，这种自旋结构只允许

$$A_y = A_{xz} = 0, \quad A_{xx} = A_{zz} = 1, \quad A_{yy} = -2A_{xx} - A_{yy} = 3 \tag{12-5}$$

或

$$T_{20} = \frac{1}{2}\sqrt{2}, \quad T_{11} = T_{21} = 0, \quad T_{22} = \frac{1}{2}\sqrt{3} \tag{12-6}$$

然而，这种自旋结构的可用反应很少且通常难以实验实现。一个著名的例子是：

$$^{16}\mathrm{O}\ (\vec{\mathrm{d}},\ \alpha_1)\ ^{14}\mathrm{N}^*\ (2.31\ \mathrm{MeV}) \tag{12-7}$$

到^{14}N 的第一激发态。这个道是同位旋禁戒的，因此具有非常小的截面。尽管如此，这个反应已经被用于绝对标定点的定义，并由此校准了次级极化仪。一个例子是^{4}He $(\vec{\mathrm{d}}, \mathrm{d})^4$He 反应[8]的标定：

$$A_{yy} = -1.066 \pm 0.034 \text{ 在 } E_{\mathrm{d}} = 7.07\ \mathrm{MeV}, \quad \Theta_{\mathrm{lab}} = 55° \tag{12-8}$$

以这种方式，获得了^{4}He $(\vec{\mathrm{d}}, \mathrm{d})^4$He 反应和^{3}He $(\vec{\mathrm{d}}, \mathrm{p})^4$He 反应[9,10]和其他反应的多个附加第二标定点。

在 0°，$A_{yy} = -1/2$，即 $A_{zz} = +1$ 时的^{12}C $(\vec{\mathrm{d}}, \alpha_1)^{10}$B (2^+) 反应已经用于绝对极化仪标定[11]。另一个例子是自旋结构的反应

$$\frac{1}{2} + 1 \rightarrow \frac{1}{2} + 0 \tag{12-9}$$

从 **M** 矩阵的结构来看，两个条件为

$$A_{yy} = 1 \tag{12-10}$$

$$\boldsymbol{M}_{1,1/2;1/2} = -\boldsymbol{M}_{-1,1/2;1/2} \tag{12-11}$$

和

$$\boldsymbol{M}_{1,-1/2;1/2} = -\boldsymbol{M}_{-1,-1/2;1/2} \tag{12-12}$$

于是

$$K_x^{x'} = K_z^{x'} = K_x^{z'} = K_z^{z'} = K_{xy}^{x'} = K_{yz}^{x'} = K_{xy}^{z'} = K_{xz}^{z'} = 0 \tag{12-13}$$

同时有

$$C_{x,x} = C_{z,x} = C_{x,z} = C_{z,z} = C_{xy,x} = C_{yz,x} = C_{xy,z} = C_{yz,z} = 0 \tag{12-14}$$

此外

$$p^{y'} = -A_{0,y} = K_{yy}^{y'} = -C_{yy,y} \tag{12-15}$$

$$K_{xx}^{y'} = -C_{xx,y} \tag{12-16}$$

$$K_{zz}^{y'} = -C_{zz,y} \tag{12-17}$$

自旋结构的反应

$$1^{+}+0^{+} \rightarrow 0^{+}+0^{-} \tag{12-18}$$

已经在参考文献［13］中讨论过。它们有如下的分析本领（在横向框架下）

$${}^{T}T_{20} = \sqrt{\frac{1}{2}}, \quad \text{i. e.} \quad A_{yy} = 1. \tag{12-19}$$

反应

$$^{12}\mathrm{C}\ (^{6}\overrightarrow{\mathrm{Li}},\ \alpha)^{14}\mathrm{N}^{*}\ (0^{+},\ 4.92\ \mathrm{MeV}) \tag{12-20}$$

被用于建立极化锂束流的绝对标准，并由此导出了第二标准[13]。

由于其自旋结构和对称性，^{1}H（$^{7}\overrightarrow{\mathrm{Li}}$，α）α 反应有 $T_{20}=-1$ 的绝对二阶张量分析本领，对应于在$^{T}T_{20}=0.5$ 的横向坐标系中用于 0°处的检测器，被用作极化检测器。Zupranski 等人[12]表明奇数张量矩$^{T}T_{10}$（p），$^{T}T_{10}$（^{7}Li）和$^{T}T_{30}$（^{7}Li）之间存在一种关系，在$^{T}T_{10}$（p）= ±1.04 的假设下，这种关系可以绝对测定$^{T}T_{10}$（^{7}Li）和$^{T}T_{30}$（^{7}Li）。同样地，对于^{23}Na（$\vec{\mathrm{p}}$，α_0）^{20}Ne 反应，其具有相同的自旋结构，在 $E_{\mathrm{p}}=7.76$ MeV 和 $\Theta_{\mathrm{lab}}=115°$时，最大向量分析本领$^{T}T_{10}=1.05 \pm 0.05$ 被发现[14]，$^{23}\overrightarrow{\mathrm{Na}}$束在 $E_{\mathrm{lab}}=177$ MeV 时的全部三个极化分量的绝对标定可能性被提出。

12.1.4　由于特殊条件的标定

对于在第六章展示的不均匀等级的分析本领，例如，如果只有单个矩阵元素对反应有贡献，A_y 消失。在很好的近似下，这符合两个镜像反应

$$^{3}\mathrm{H}\ (\vec{\mathrm{d}},\ \mathrm{n})^{4}\mathrm{He} \tag{12-21}$$

和

$$^{3}\mathrm{He}\ (\vec{\mathrm{d}},\ \mathrm{n})^{4}\mathrm{He} \tag{12-22}$$

在非常低能量下，例如，分别在 $E_{\mathrm{lab}}=107$ keV 和 430 keV 的 $J^{\pi}=3/2^{+}$共振附近。偶数阶张量矩（这里指张量分析本领）将不会消失，但是得另外计算，只要不必考虑其他矩阵元素（通常未知）的混合。用第六章的形式，可以得到

$$A_{zz} = -P_2\ (\cos\Theta),\ A_{xz} = -\frac{1}{2}P_2^1\ (\cos\Theta),\ A_{xx}-A_{yy} = -\frac{1}{2}P_2^2\ (\cos\Theta). \tag{12-23}$$

因此这些反应是对于氘张量极化很好的分析反应，只要假定可能的 $1/2^{+}$横波和更

高阶波矩阵元（其贡献可能在1%的数量级）的混合可以忽略。

氘和质子的矢量极化的对比分析反应在低能量下不存在，因为这些反应通常是由横波主导。为了获得非零的矢量分析本领，至少需要纵波的干扰，因此将会非常小。在这一方面，^{2}H（$\vec{\mathrm{d}}$，n）^{3}He 和^{2}H（$\vec{\mathrm{d}}$，p）^{3}H 反应出现例外，即使在 E_{lab} <30 keV 时，也显示出约 0.2 的 A_y。

12.1.5 典型的低能分析反应

分析反应的要求为高截面，高分析本领，平稳，随能量和角度变化缓慢，容易获得且稳定的靶材料。因此，对于来自低能量加速器的极化束流的一般使用，已经发展出了一些标准分析反应，并在仔细测量中得到了标定。这些反应是

（1）对于质子：

① ^{4}He（$\vec{\mathrm{p}}$，p）^{4}He

② ^{12}C（$\vec{\mathrm{p}}$，p）^{12}C

③ ^{28}Si（$\vec{\mathrm{p}}$，p）^{28}Si 或 ^{nat}Si（$\vec{\mathrm{p}}$，p）^{nat}Si

（2）对于氘：

① ^{4}He（$\vec{\mathrm{d}}$，d）^{4}He

② ^{3}He（$\vec{\mathrm{d}}$，p）^{4}He

③ ^{3}H（$\vec{\mathrm{d}}$，n）^{4}He

④ ^{2}H（$\vec{\mathrm{d}}$，p）^{3}H 和^{2}H（$\vec{\mathrm{d}}$，n）^{3}He

这些反应中，仅有两个将在这里更详细地讨论，对于其他反应，读者可以参考引用的文献。

12.1.5.1 质子的^{4}He（$\vec{\mathrm{p}}$，p）^{4}He 反应

对于（质子和氘）矢量极化的测量，测量左右不对称性就足够了，例如，两个探测器处在相同的极角 Θ，方位角 Φ 按 180°（取决于坐标系的定义）分为 0°，180°或−90°，+90°。因为宇称对称只允许分量 A_y 在 $\hat{y}=\dfrac{\overrightarrow{k_{\mathrm{in}}}\times\overrightarrow{k_{\mathrm{out}}}}{\left|\overrightarrow{k_{\mathrm{in}}}\times\overrightarrow{k_{\mathrm{out}}}\right|}$时非零，所以“左/右”指该极化/分析本领分量。^{4}He（p，p）^{4}He 的弹性散射已经被广泛研究（例如文献［15］），但对于极化仪而言，只要知道其在 $E_{\mathrm{p}}=12.1$ MeV 和 $\Theta_{\mathrm{lab}}=112°$时，至少有一个绝对标定点就足够了（见 12.1.2 节）。利用这种恒定的角度设定，在相关能量范围内具有激发函数是有利的。这样的激发函数是来自文献［15］的更全面测量，如图 12-1 所示。图 12-2 展示了散射室后的质子极化仪。

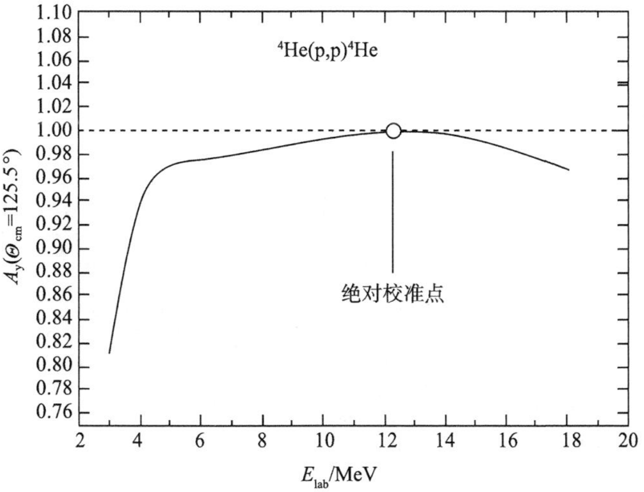

图 12-1 在 $\Theta_{c.m.}=125.5°$时的^{4}He ($\vec{p}$, p)^{4}He 反应的激发函数，其在 $E_{lab}=12.1$ MeV 时有绝对标定点

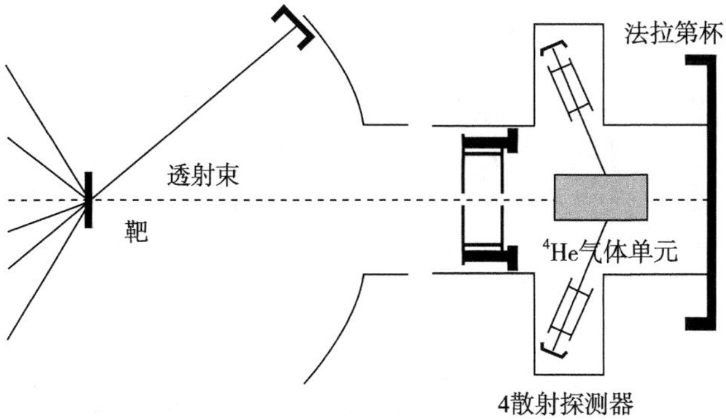

图 12-2 使用^{4}He (p, p)^{4}He 反应的散射室后质子极化仪[16]

12.1.5.2 氘的^{3}He ($\vec{d}$, p)^{4}He 反应

这个反应 E_d 高达 450 keV，由 $J^{\pi}=3/2^+$的 S 波共振主导，因此这个反应对氘矢量极化不敏感，然而

其张量分析本领很大且被熟知。在较高能量下，四个分量 A_y，A_{zz}，A_{xx-yy}，和 A_{xz}都不为零且已经得到标定。基于这个反应的经典矢量和张量极化仪由五个探测器组成，一个中心探测器在 $\Theta=0°$，另四个探测器在 $\Theta=24.5°$，$\Phi=0°$，90°，180°和 270°，在 4π 中布置。图 12-3 展示了这种探测器的设计[17]。此外，图 12.4

和图12.5展示了已公布和更新的分析本领的值。显然，一些数据的质量不是很好，特别对于系统误差。

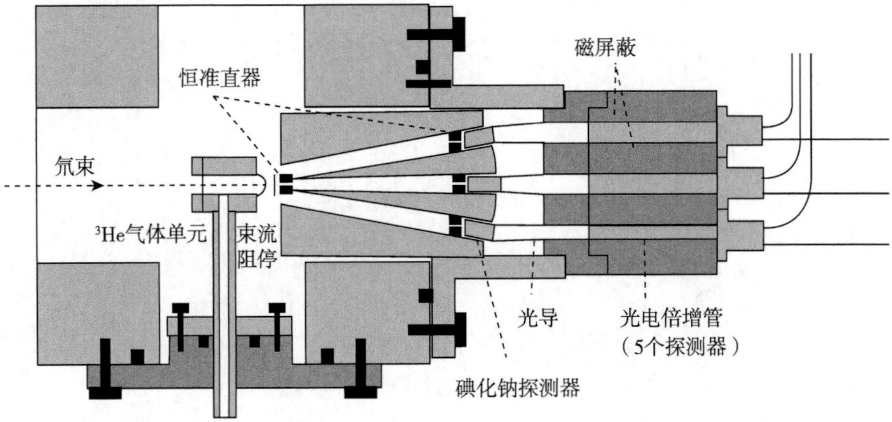

图 12-3 科隆（Cologne）^{3}He（$\vec{d}$，p）^{4}He 氘极化仪的组成

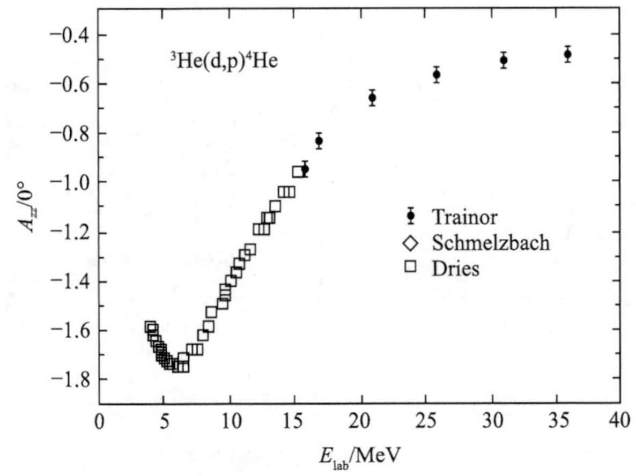

图 12-4 ^{3}He（d，p）^{4}He 反应分析本领 A_{zz}（0°）的激发函数，数据来自参考文献［20-22］

12.1.5.3 极低（天体物理）能量下的氘极化测量

重要的分析反应如^{3}H（$\vec{d}$，n）^{4}He 和^{3}He（$\vec{d}$，p）^{4}He 反应基本上通过一个（共振）矩阵元进行，使得它们对于张量极化敏感，但对于矢量极化不敏感。对于低于 20 keV 的所有极化分量，好的分析反应是^{2}H（$\vec{d}$，n）^{3}He 和^{2}H（$\vec{d}$，p）^{3}H 反应，这些反应显示出了非常大的矢量分析本领。这主要是因为在核相互作用中存在大的 P（甚至是 D）波分量。一些作者提供了很好的数据（参考文献［19］）。

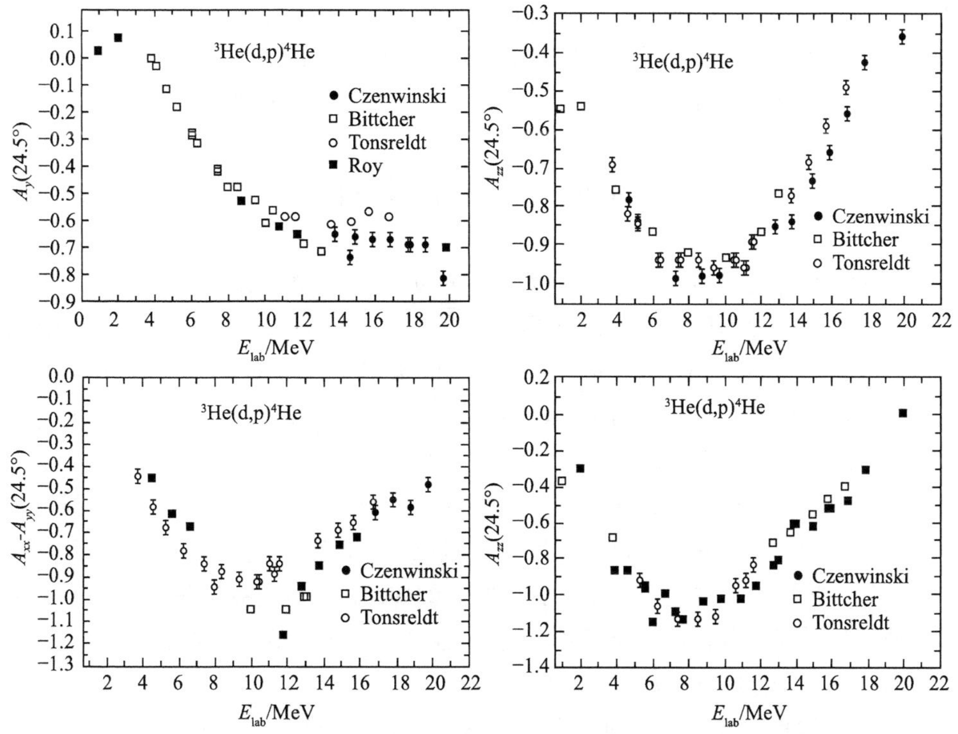

图 12-5 ^{3}He（d，p）^{4}He 反应在 $\Theta_{lab}=24.5°$的分析本领的激发函数，数据来自参考文献［18，23，24］

12.1.6 极化转移实验中的极化测定

来自反应产物的极化分量必须被确定为入射到第一反应靶上的束流极化函数。入射粒子的低强度要求极化仪的特殊设计，并在可用束流时间内可达到的精度做出折中。这涉及到能量和角度的平均以及这些平均分析本领的标定。表征这些转移极化仪的量：

（1）有效的分析本领 $\langle A_y \rangle$；

（2）有效的截面和相对“效率” ε；

（3）品质因数定义为 f. o. m. $= \langle A \rangle^2 \cdot \varepsilon$。

依据粒子和极化分量的类型，出现了一些特殊的设计，例如极化仪的叶片或“软百叶帘”的设计，以便通过限制角扩展但增加反应体积来提高效率。如上所列，所用反应与粒子束流极化测量的反应相同。详细资料可参考文献［25，26，28］。参考文献［26-28］提出了一种模块化设计，可以适用于输出质子或氘的矢量极化以及张量极化（应用于^{2}H（$\vec{p}$，$\vec{d}$）^{1}H 弹性散射反应的测量[28]）。为测量^{2}H（$\vec{d}$，$\vec{p}$）^{3}H 反应的极化转换以 Si 作为分析靶，在 $E_{lab}=90$ 和 58 keV 的极低入射氘能，改进了极化仪，该极化仪在参考文献［29，30］中已经得到了讨论。

12.2　原子（分子）束的极化仪

在储存环（对撞机等）中，逐渐增强的极化原子束流被用作靶，通常馈入储存单元，被用作靶（例如在德国电子同步加速器研究所电子同步加速器（Deutsches Elektronen-Synchrotron，DESY）的 HERMES 实验[31]，印第安纳大学回旋加速器设施（Indiana University Cyclotron Facility，IUCF），德国于利希研究中心（FZJ）的冷却器同步加速器（COoler SYnchrotron，COSY）的 EDDA（实验站）和 COSY 的 ANKE（磁谱仪，对带电粒子具有大的动量接受度）。在开发过程中（以及使用过程中），能够直接且绝对地测量极化而不使用特殊标定且难以应用的低能核反应，这似乎是非常有用的（例如，由于在这些能量下，矢量分析本领非常低或因为需要氚作为靶）。现在已经开发了几种不同的方案。

（1）Breit-Rabi 极化仪。

（2）兰姆移位（“自旋过滤器”）极化仪。

12.2.1　Breit-Rabi 极化仪

就像在光学偏振测量中，起偏器和检偏器是类似的仪器，这些极化仪的原理是一个带有射频转换的斯特恩-格拉赫（Stern-Gerlach）装置。图 12-6 展示了一个典型的设置，类似于 DESY-HERMES 实验中所用的装置，例如文献［32］。每个塞曼超精细态的占据由结合射频转换单元的自旋分离（多级）磁铁系统决定，使得除了一个态外，其他所有态都被传输。

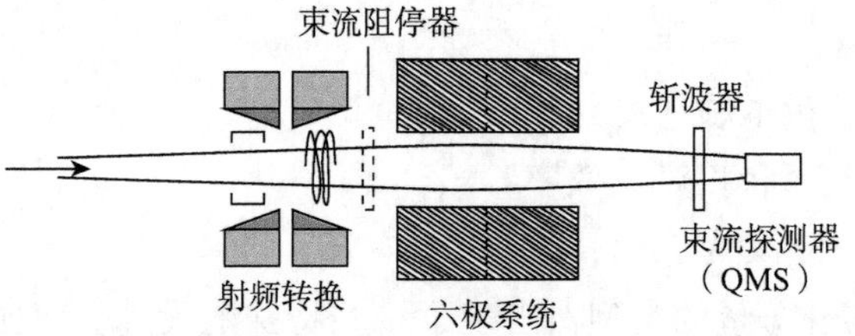

图 12-6　氢或氘原子束流的 Breit-Rabi 极化仪的典型设置，已经使用了不同数量的射频转换单元和六级单元

测量强度和许多不同跃迁的跃迁概率产生了一组耦合方程，这些方程可以求

解，得到估算极化的占据数。整个系统需要非常好的真空，以免未极化的残余气体原子污染束流。如果自旋态分离不是 100%，并当射频跃迁概率小于 100%时，就会出现问题。

六级单元聚焦 $m_J = +1/2$ 的分量到束流检测器上，同时使 $m_J = -1/2$ 的分量散焦。没有射频转换，检测器中的信号为

$$S_0 = c\sum_a \sigma_a I_a \tag{12-24}$$

式中：c 为检测系统（其中包括检测效率和几何接受度等）的标定因子，σ_a 为处在超精细态 | a〉的原子被六级系统传输到探测器中的概率，I_a 表示在入射束中超精细态 | a〉下的原子强度。射频跃迁单元中任何射频跃迁都将重新分配在可能的超精细态的占据数。于是，探测器上的信号将变成

$$S_i = c\sum_a \left(\sum_b \sigma_b T^i_{ba} I_a\right) = c\sum_a M_{ia} I_a \tag{12-25}$$

式中：T^i_{ba} 为描述通过跃迁 i 在不同超精细态之间占据交换的矩阵。它包含矩阵 $\boldsymbol{M}_{ia}$，$\boldsymbol{M}_{ia}$ 是转变效率 ε_{ia} 的线性函数和所有相关状态间的转移概率 σ_i 的乘积。如果可以执行足够数量的具有不同转变的单独测量，这个线性方程组可以求解。矩阵求逆解法需要 4 个或 6 个这样的测量。然而，所涉及的不同量的误差可能需要比最小测量次数更多的测量，这会导致最小二乘最小化的问题。极化的结果误差是从极化矢量的协方差矩阵中获得。文献［33］的作者宣称测量极化的绝对精度大约为 0.01，灵敏度优于 10^{13} 原子/秒。

12.2.2 兰姆移位（Lambshift）极化仪（LSP）

图 12-7 展示了一种典型的兰姆移位极化仪的一般设置，该极化仪有一个自旋过滤器和 Glavish 型电子轰击离子化装置，用于氢（H）或氘（D）原子束流的极化测量[35]。这个方案使用通过自旋过滤器的兰姆移位作为核心[35]（见 8.5 关于兰姆移位极化离子源），它通过 1.609 GHz 的非稳定磁场，非稳定电场（斯托克（Stark）猝灭）和射频跃迁场的组合，选择并传输 2S 超精细结构的单塞曼分量。通过扫描磁场改变共振条件，所有超精细结构（HFS）分量都可以测量。自旋过滤器后的电猝灭场将原子猝灭到基态（1S），从而发射 121.5 nm 的莱曼（Lyman）-α 射线，其由灵敏的、选择性的光电倍增管记录。每个这样的莱曼-α 峰的强度产生束流的极化值（矢量和张量）。通过应用一些校正，可以得到束流的绝对极化，因为所有的校正都是已知的且可以精确计算的[34]。

因为 H^+/D^+ 离子的兰姆移位极化仪（LSP）工作原理于上面描述的兰姆移位

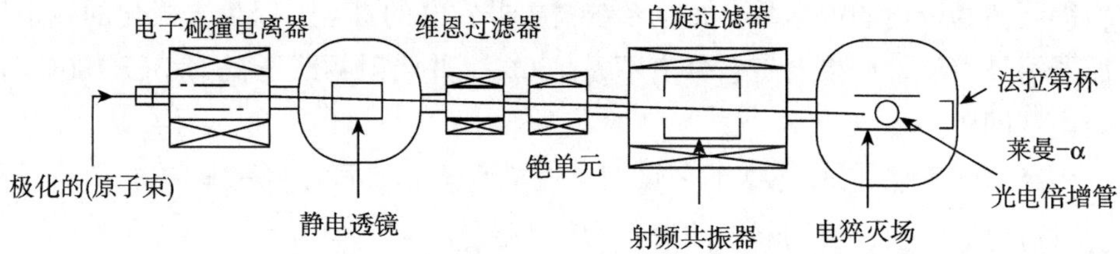

图 12-7 Cologne-Jülich 兰姆移位极化仪示意图

源（LSS）十分相似，所以束流应该分别有大约 500 或 1000 eV 的能量，然后经过电荷交换进入亚稳态。中性原子首先需要被有效电离，例如通过电子碰撞或电子回旋共振离子发生器，加速，然后通过铯（Cs）蒸气转化为亚稳态。目前正在研究在经历两次电荷交换（例如在^{16}O或甚至纯空气中或在^{4}He[36,37]中）将 H^- 或 D^-转化为正离子后，在交换电荷进入亚稳态之前，测量负离子 H^-或 D^-的极化可能性（Engels, R. : private communication（2010））。确定极化的灵敏度是：在 1 min时间内测量低至 10^{14}粒子/秒的束流是可行的，特别是使用锁相技术时。LSP 还具有实现更高灵敏度的潜力，例如通过提高莱曼-α 的收集效率等措施。

很多的 LSP 已经在不同实验室得到实施，主要用于极化离子源的开发，特别是优化射频跃迁的效率，但也用于束流/靶的极化控制[38-41]。图 12-8 和图 12-9 展示了用非极化和制备的不同极化的 H 和 D 束获得的 Ly-α 光谱。

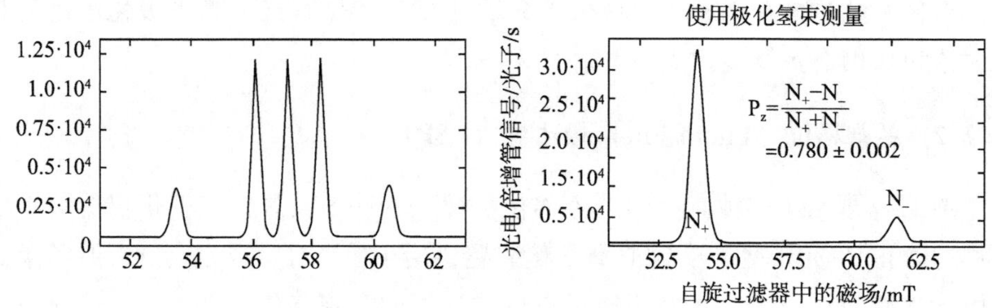

图 12-8 H 和 D 的非偏振混合束（左）和偏振混合束（右）的 Ly-α 光谱

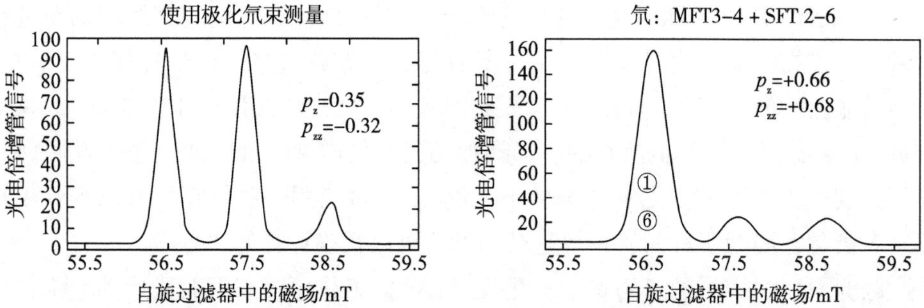

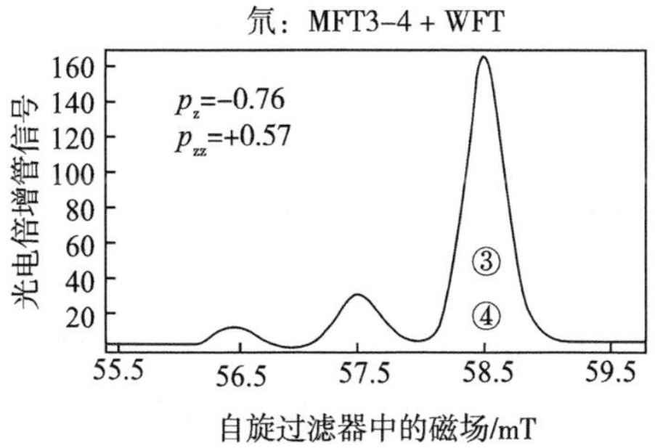

图 12-9　不同极化氘的 Ly-α 光谱

参考文献

[1] Luck, W. , Ph. D. thesis, Universität Marburg, unpublished(1989)

[2] Timsit, R. S. , Daniels, J. M. : Can J. Phys.49, 545(1971)

[3] Leemann, Ch. , Bürgisser, H. , Huber, P. , Rohrer, U. , Paetz gen. Schieck, H. , Seiler, F. : Helv. Phys. Acta 44, 141(1971)

[4] Huber, P. , Leemann, Ch. , Rohrer, U. , Seiler, F. : Helv. Phys. Acta. 42, 907 (1969)

[5] Plattner, R. , Bacher, A. D. : Phys. Lett. 36B, 211(1971)

[6] Seiler, F. : Phys. Lett. 61B, 144(1976)

[7] Jacobsohn, B. A. , Ryndin, R. M. : Nucl. Phys.24, 505(1961)

[8] Darden, S. E. , Prior, R. M. , Corrigan, K. W. : Phys. Rev. Lett. 25, 1673 (1970)

[9] König, V. , Grüebler, W. , Ruh, A. , White, R. E. , Schmelzbach, P. A. , Risler, R. , Marmier, P. : Nucl. Phys. A166, 393(1971)

[10] Keaton, P. W. Jr. , Armstrong, D. D. , Lawrence, G. P. , McKibben, J. L. , Ohlsen, G. G. : In: Proceed-ings of the 3rd International Symposium on Polarization Phenomena in Nuclear Reactions, Madison 1970, p.849. University of Wisconsin Press, Madison(1971)

[11] Sagara, K. : Few-Body Systems 48, 59(2010)

[12] Zupranski, P. , Dreves, W. , Egelhof, P. , Steffens, E. , Fick, D. , Rösel, F. : Nucl. Instrum. Methods 167, 193(1979)

[13] Cathers, P. D. , Green, P. V. , Bartosz, E. E. , Kemper, K. W. , Marechal, F. ,

Myers, E. G. , Schmidt, B. G. : Nucl. Instrum. Methods Phys. Res. A 457, 509 (2001)

[14] Paetz gen. Schieck, H. , Gaiser, N. O. , Nyga, K. R. , Prior, R. M. , Darden, S. E. : Nucl. Instrum. Methods Phys. Res. A 25, 616(1987)

[15] Schwandt, P. , Clegg, T. B. , Haeberli, W. : Nucl. Phys. A163, 432(1971)

[16] Vohl, S. : Diploma thesis, Universität zu Köln, unpublished(1990)

[17] Engels, R. : Diploma thesis, Universität zu Köln, unpublished(1997)

[18] Czerwinski, A. : Diploma thesis, Universität zu Köln, unpublished(1999)

[19] Paetz gen. Schieck, H. : Eur. Phys. J. A 44, 321(2010)

[20] Trainor, T. A. , Clegg, T. B. : Nucl. Phys. A220, 533(1974)

[21] Schmelzbach, P. A. , Grüebler, W. , König, V. , Risler, R. , Boerma, D. O. , Jenny, B. : Nucl. Phys. A264, 45(1976)

[22] Dries, L. J. , Clark, H. W. , Detomo, R. , Regner, J. , Donoghue, T. R. : Phys. Rev. C 21, 475(1980)

[23] Tonsfeldt, S. A. : Dissertation, University of North Carolina at Chapel Hill, (1980). Available from University Microfilms International, A Bell & Howell Comp. , Ann Arbor, Michigan, USA

[24] Bittcher, M. , Grüebler, W. , König, V. , Schmelzbach, P. A. , Vuaridel, B. , Ulbricht, J. : Few-Body Systems. 9, 165(1990)

[25] Ohlsen, G. G. , Keaton, P. W. Jr. : Nucl. Instrum. Methods 109, 41 and 61 (1973)

[26] Vohl, S. : Ph. D. thesis, Universität zu Köln, unpublished(1995)

[27] Sydow, L. , Vohl, S. , Lemaître, S. , Nießen, P. , Nyga, K. R. , Reckenfelderbäumer, R. , Rauprich, G. , Paetz gen. Schieck, H. : Nucl. Instrum. Methods Phys. Res. A 327, 441(1993)

[28] Sydow, L. , Vohl, S. , Lemaître, S. , Patberg, H. , Reckenfelderbäumer, R. , Paetz gen. Schieck, H. , Glöckle, W. , Hüber, D. , Witała, H. : Few-Body Systems. 25, 133(1998)

[29] Katabuchi, T. , Kudo, K. , Masuno, K. , Iizuka, T. , Aoki, Y. , Tagishi, Y. : Phys. Rev. C 64, 047601(2001)

[30] Imig, A. , Düweke, C. , Emmerich, R. , Ley, J. , Zell, K. O. , Paetz gen. Schieck, H. : Phys. Rev. C 73, 024001(2006)

[31] Airapetian, A. et al. : HERMES Collaboration. Nucl. Instrum. Methods Phys. Res. A 540, 68(2005)
[32] Baumgarten, C. et al. : Nucl. Instrum. Methods Phys. Res. A 496, 263 and 277 (2003)
[33] Baumgarten, C. et al. : Nucl. Instrum. Methods Phys. Res. A 482, 606(2002)
[34] Engels, R. , Emmerich, R. , Ley, J. , Tenckhoff, G. , Paetz gen. Schieck, H. : Rev. Sci. Instrum. 74, 4607(2003)
[35] Ohlsen, G. G. , McKibben, J. L. , Lawrence, G. P. , Keaton, P. W. Jr. , Armstrong, D. D. : Phys. Rev. Lett. 27, 599(1971)
[36] Tawara, H. , Russek, A. : Rev. Mod. Phys. 45, 178(1973)
[37] Tawara, H. , Russek, A. : At. Nucl. Data Tables 22, 491(1978)
[38] Lemieux, S. K. , Clegg, T. B. , Karwowski, H. J. , Thompson, W. J. : Nucl. Instrum. Methods Phys. Res. A 333, 434(1993)
[39] Emmerich, R. : Ph. D. thesis, Universität zu Köln(2007). http://kups.ub.uni-koeln.de/volltexte/2007/2081
[40] Emmerich, R. , Paetz gen. Schieck, H. : Nucl. Instrum. Methods Phys. Res. A 586, 387(2008)
[41] Kremers, H. R. , Beijers, J. P. M. , Kalantar-Nayestanaki, N. , Clegg, T. B. : Nucl. Instrum. MethodsPhys. Res. A 516, 209(2004)

第十三章

医学应用

13.1 超极化^{3}He 和^{129}Xe

最近医学成像技术的进展，如核磁共振成像（NMR 或 MRI），计算机断层扫描（CT 与 X 射线）和正电子发射断层扫描（PET 使用短寿命放射性核扫描）令人印象深刻。两个缺乏诊断工具的领域是大脑血管和支气管的断层扫描。从 1995 年左右开始，人们实现了成像的新想法：使用超极化^{3}He 和^{129}Xe。最近，人们也研究了含有自旋为 0 的其他原子核的化合物代谢，如^{13}C，^{2}H，在这些情况下，由于强力（在极高磁场下的低温）和固体中的射频跃迁（奥豪泽（Overhauser）效应）的作用，这些超极化试样的核磁共振信号强度得到了极大的提高。这类项目的一个例子是“核自旋成像”（Nuclear Spin Imaging，NSI），即使用 $\boldsymbol{B}\approx 17$ T 和 $\boldsymbol{T}\approx 10$ mK 的磁场，采用超极化自旋 1/2 核如^{3}He、^{13}C、^{15}N、^{19}F 和^{31}P 进行核磁共振成像，见文献［1］。

考虑常规核磁共振的信号强度，看到它是由共振核的密度（如水中的质子）和在强磁场和（通常）室温中非常小的“蛮力”极化决定的。图 13-1 显示了 $S=1/2$自旋系统的情况。假设为玻耳兹曼分布，自旋 1/2 系统的占据数为

$$N_{\pm}=N_0\exp\left(\mp\frac{1}{2}\gamma\hbar\frac{B}{kT}\right) \tag{13-1}$$

式中：$\gamma=\mu_N g_N/\hbar$ 为旋磁比，μ_N 为核磁子，g_N 为核 g 因子，两种亚态之间的跃迁频率为 $\omega=\gamma\boldsymbol{B}$。因此，“蛮力”核极化是

$$p=\frac{N_+-N_-}{N_++N_-}=\tanh\left(\frac{1}{2}\gamma\hbar\frac{B}{kT}\right)\approx\frac{1}{2}\gamma\hbar\frac{B}{kT} \tag{13-2}$$

它通常非常小，只有在非常高的磁场和非常低的温度下才能达到相当高的值。即使在 $B=1$ T 和室温下，氢核的极化也仅为 3×10^{-6}。如果拿一个超极化的气体，比如^{3}He，它的密度比水小 1 000 倍，但极化达到 60%，那么它的信号强度仍然比水中的 MRI 高很多倍。

$$\frac{n\ (^3\text{He})\ \cdot p\ (^3\text{He})}{n\ (\text{H}_2\text{O})\ \cdot p\ (\text{proton})}\approx 10^4 \tag{13-3}$$

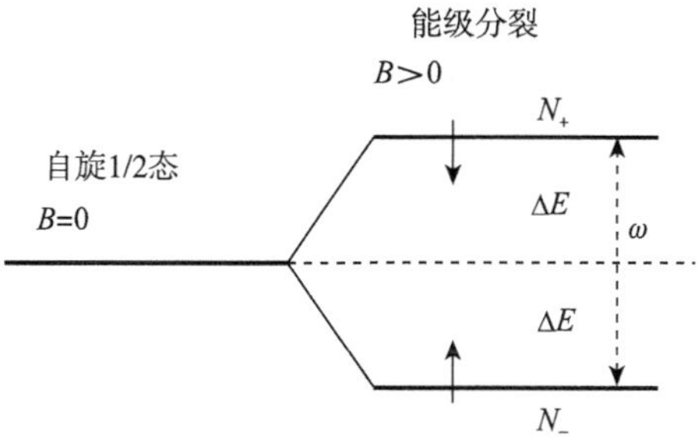

图 13-1　自旋 1/2 体系在磁场 $\boldsymbol{B}$ 中的能量分裂示意图 $2\times\Delta E=\gamma\hbar\boldsymbol{B}$，亚态占据数 N_+和 N_-，跃迁频率 ω

超极化的临床应用包括让病人吸入气体并保持呼吸大约 1 min，同时进行核磁共振扫描。这种核磁共振装置与传统的质子核磁共振没有太大的不同，除了每 1 T 的跃迁频率是 33. 2 MHz 而不是 42. 5 MHz。与质子 MRI 相反，肺本身不产生图像，但支气管的空腔可显示可能的异常，如肿瘤、肺气肿、慢性阻塞性肺病（COPD）等。图 13-2 比较了这两种方法并显示了它们的互补性。在世界各地的一些地方/大学，如普林斯顿（Princeton）、杜克（Duke）、弗吉尼亚（Virginia）、美因茨（Mainz），核和原子物理学家与医疗部门的合作建立了一些医疗设施，在这些设施中进行肺和大脑研究和诊断。由于长弛豫时间，一些物理实验室产生的极化^{3}He 被传输到相当遥远的地方，而样品则保持在均匀的磁场中。

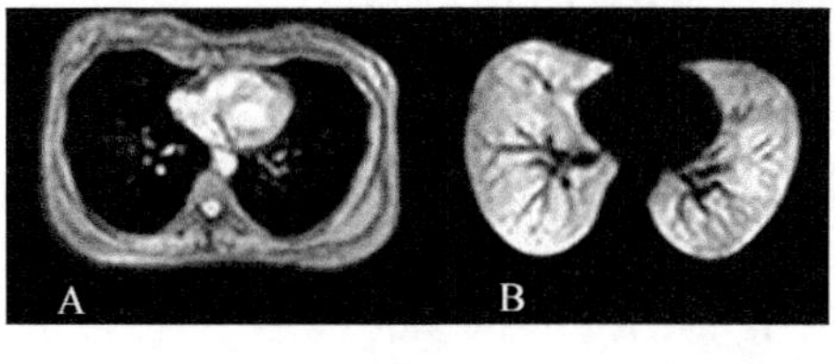

图 13-2　健康人胸部磁共振成像（A）与超极化^{3}He（B）对比

这两种方法的互补作用是显而易见的。该数据来自文献［2］，由美国胸科医师学院提供。

参考文献

[1] Tanaka, M. , et al. : In: [3]

[2] De Lange, E. E. , Altes, T. A. , Patrie, J. T. , Gaare, J. D. , Knake, J. J. , Mugler, J. P. III, Platts-Mills, T. A. : Chest 130, 1055(2010)

[3] Rathmann, F. , Ströher, H. (eds.) Proceedings of International Spin Conference (SPIN2010), Jülich 2010. Published as Open Access by IOP Conference series (2011)

第十四章

“极化”聚变

能源需求不断增加，由于供应有限，以及环境和核安全方面的关切导致对太阳能或风能等可再生能源的日益重视，预计公众和科学界的兴趣也将越来越多地集中在对核聚变能源上。随着建造 ITER（低密度磁约束核聚变反应堆）的决定以及继续对（高密度）惯性约束核聚变的研究（参见劳伦斯利弗莫尔（Lawrence Livermore）国家实验室激光核聚变设施的启用），核聚变能源的前景可能已经进入了一个新的时代。“极化聚变”的概念，即使用自旋极化粒子作为核燃料是很久以前发展起来的[1,2]，最近的发展见文献［3，4］。与传统的非极化聚变相比，它提供了许多改进。其主要特点是：

（1）中子管理：有利于带电粒子反应，以取代或减少产生中子的反应。

（2）反应产物发射方向的处理。

（3）反应速率的增加。

由于中子能量转化为热量所必需的对结构特别是覆盖层辐射损伤和活化较少，或者可能会带来一种更简单和更耐久的覆盖层的概念，这些改进可能会导致聚变反应堆点火极限更低以及运行条件更经济。同时，“极化聚变”的实现还会遇到额外的困难，需要研究解决办法。其中一些困难是：

（1）极化燃料的制备，无论是以强的极化^{3}He、D 或^{3}He 原子束流的形式，还是以充满极化液体或固体的小球形式。

（2）极化燃料的注入。

（3）在喷射或点火过程中退极化。

作为最近努力解决这些问题的一个例子，我们引用了参考文献［5，6］。相关的聚变反应发生的能量范围为<100 keV，库仑势垒强烈抑制带电粒子的截面。这就是为什么没有测量到具有足够高精度的必要实验极化数据，例如自旋相关截面

的原因。现有的极化聚变反应分析和预测依赖于其他（较简单）数据的现有世界数据集。另一方面，足够微观和现实的理论预测（如对三核子系统）才刚刚开始在所需的低能量下对四核子系统[7]有效。一个有趣的问题是，最近讨论的极低能量截面的电子屏蔽增强（和其中的参考文献［8］）是否与极化聚变有任何关系。

在此需要指出的是，过去的极化观测在阐明少体反应的反应机制以及少体核的核结构方面发挥了决定性的作用，特别是在二到六体体系中。目前，聚变能只考虑四核子或五核子系统。与聚变能研究相关的量是积分（或总）截面 σ，反应系数（或反应参数）$\langle\sigma v\rangle$ 和（相对）功率密度 P_f。

14.1　五核子聚变反应

这里要讨论的重要反应有：

（1）$d+{}^3H \rightarrow n+{}^4He+17.58$ MeV

（2）$d+{}^3He \rightarrow p+{}^4He+18.34$ MeV

这两个镜像反应有一些非常显著的特征：在这里讨论的低能量下，两者都通过强 S 波共振进行（在氘核实验室）。^{3}H（d，n）^{4}He 的能量为 107 keV，^{3}He（d，p）^{4}He 的能量为 430 keV。这些共振态是非常纯的 $J^\pi=3/2^+$ 态，可能只有很少的 $J^\pi=1/2^+$ S 波和/或更高波贡献的混合。这是一个长期的讨论点，主要是因为这些反应是非常好的绝对张量极化分析仪，只要它们只在 S 波 $J^\pi=3/2^+$ 状态下进行。实验证据表明，其他贡献很小（大约百分之几的量级）。^{3}He（d，p）^{3}He 反应对共振的一个例子是早期自旋相关测量[9,10]，支持这一假设，见图 14.1。有关这一低能反应的近期讨论见参考文献［11，12］。镜像反应^{3}H（d，n）^{4}He 的结果类似。

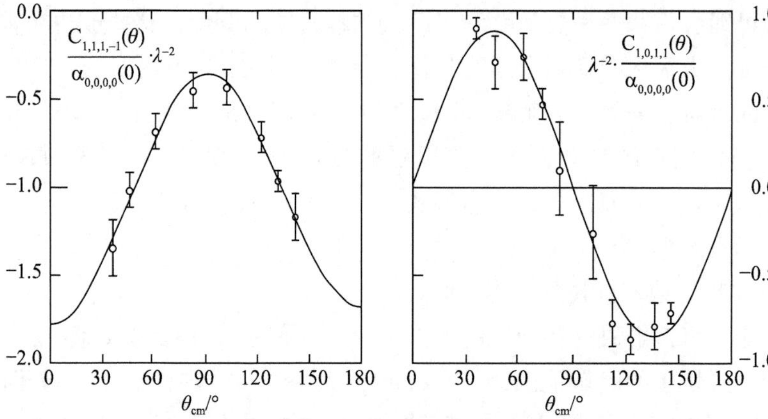

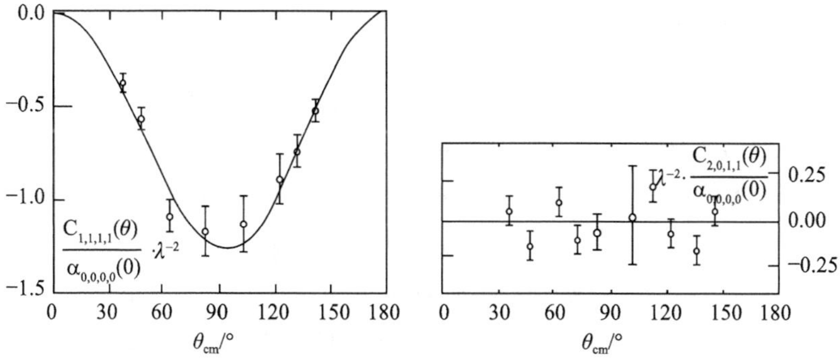

图 14-1 E_d（lab）= 430 keV 下 ^{3}He（d，p）^{4}He 反应的自旋相关测量。这个能量对应于 S 波 $J^\pi=3/2^+$ 共振的能量。经博克豪斯（Birkhäuser Verlag）出版社，巴塞尔（Basel）许可

对这两种反应的较好认识使我们可以得出这样的结论，即利用极化束流和靶可以将聚变产生率提高到接近 1.5 倍的水平。一个简单的统计论证表明，如果反应经过 $3/2^+$ 态且入射道以拉伸的结构准备，与纯统计自旋结构的非极化入射道相比，就产生了这种增强。

14.2 四核子聚变反应

最重要的四核子聚变反应是 D+D 反应，其在等离子体中也不可避免地伴随着上述更重要的五核子反应：

$d+d \rightarrow n+{}^3\mathrm{He}+3.268\ \mathrm{MeV}$

$d+d \rightarrow p+{}^3\mathrm{H}+4.033\ \mathrm{MeV}$

虽然五核子体系的情况比较明确，但四核子体系特别是两个 DD 反应在描述上存在许多问题，特别是在“极化聚变”方面。与五核子情况不同，非共振反应机制非常复杂（至少 16 个复杂矩阵元，包括 S 波、P 波和 D 波必须考虑从入射、出射道的自旋反转跃迁，即使在低能量时也有贡献）。参与 P 波的一个结果是，它们是唯一具有可感知的矢量（除张量外）分析本领的反应，甚至可降至 20 keV 实验室能量，这使得它们成为这些能量下非常有用的分析反应（参见 12.1.5 节）。在半经典图像中，这是看似可信的，因为氘核波函数的大扩展，因此导致两个氘核间大的相互作用距离。

14.2.1 抑制多余的 DD 中子

与使用中子产生反应相比，无中子聚变可能有许多优势（包括也很重要的经济优势）。在后期，^{3}H（d，n）反应可被^{3}He（d，p）反应取代。然而，DD 中子仍然存在。理论认为，通过极化氘核可以大大减少 DD 中子，从而形成五重态（$S=2$）。主要的论点是，在入射道中的五重态将需要自旋翻转跃迁，这是一阶泡利禁止的。然而，如果反应通过氘核的 D 态进行，这个论点就不成立了，到目前为止（间接）实验证据并不支持这个猜想，参见文献［4］。直接自旋相关的截面测量仍然缺乏，但这是非常需要的。

14.2.1.1 抑制的证据

由于在非常低的能量下缺乏直接的自旋相关实验，因此采用了两种间接的方法。

（1）通过多反应道 R 矩阵分析[13]参数化世界数据。

（2）Köln 通过 1.5 MeV 以下的直接 T 矩阵分析参数化^{2}H（d，n）^{3}He 和^{2}H（d，n）^{3}H反应的世界数据[14-18]。

这两种方法都可以预测 DD 反应，也可以预测五重抑制因子 QSF，定义如下。

14.2.1.2 QSF 的定义

为了量化通过极化聚变燃料核来抑制 DD 中子的程度，“五重抑制因子”定义为

$$\mathrm{QSF}=\frac{\sigma_{1,1}}{\sigma_0} \tag{14-1}$$

其中

$$\sigma_0=\frac{1}{9}\left(\underbrace{2\sigma_{1,1}}_{\text{五重}}+\underbrace{4\sigma_{1,0}}_{\text{三重}}+\underbrace{\sigma_{0,0}+2\sigma_{1,-1}}_{\text{单重}}\right) \tag{14-2}$$

是四个独立的反应道自旋截面 $\sigma_{1,1}$（自旋五联体构型），$\sigma_{1,0}$（自旋三联体构型），$\sigma_{0,0}$和 $\sigma_{1,-1}$（两个自旋单重态项）所贡献的总（积分）截面。

图 14-2 显示了不同理论预测和两种数据参数对 DD 反应的 QSF 所有结果。

理论方法从扭曲波玻恩近似（DWBA）计算到最近的微观计算，包括库仑力[7,19]，变化很大。但是，这些最新的计算是最先进的，并使人们相信，大规模的抑制只发生在较高的能量范围内，即伽莫夫（Gamow）峰区域以上，在那里将产生聚变能。

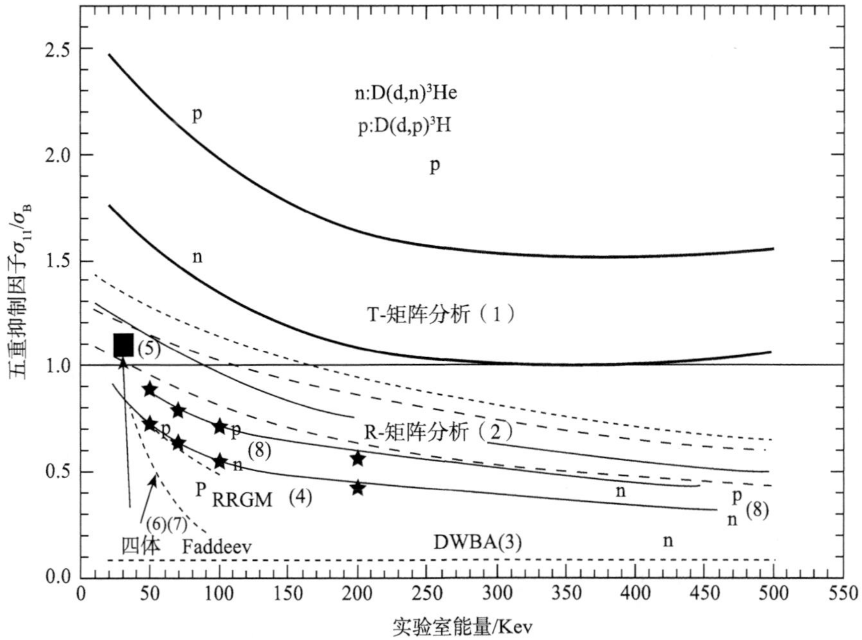

图 14-2 各种理论和两种实验方法利用 DD 反应世界数据预测的五重抑制因子

相关参考文献（图中括号内的数字）为：(1)［16］，(2)［20，21］，(3)［22，23］，(4)［24-26］，(5)［27］，(6)［28］，(7)［29］，(8)［7，19］。文献［7，19，27，28，26］的预测来自微观的 Faddeev-Yakubovsky 计算。

14.3 “极化”聚变的状态

鉴于广泛的理论预测和缺乏直接的实验证据，例如，对于 QSF，似乎必须在 10～100 keV 的能量范围内进行直接的 D+D 自旋相关实验。然而，相关系数的数量是相当惊人的。自旋 1 极化束流与自旋 1 极化靶反应的一般截面除了包含非极化截面之外，还包含了 32 个自旋相关项的束流和靶的分析本领。奇偶守恒已经被考虑进去了。

对于自旋为 1 的全同粒子，例如氘核，这个公式中的一些项是多余的，因为束流与靶核的交换在若干相关的相关系数之间产生了简单的关系（恒等式，当涉及相同的坐标系时），从而减少了独立系数的数目。沿单坐标选择极化分量（通过使用自旋进动装置，如维恩过滤器）和纯矢量极化或张量极化（通过使用所涉及的源类型的规定）导致强简化。一个例子是 z 方向的极化，只留下 $C_{zz,zz}$ 和/

或 $C_{z,z}$（$C_{z,zz}$ 或 $C_{zz,z}$ 以及分析本领 A_z（b），此外还有 A_z（t）以及 A_x（b）以及 A_x（t）在奇偶守恒下是禁止的）。

$$
\begin{aligned}
&[\sigma(\Theta,\ \Phi)]_{\Phi=0}=\sigma_0(\Theta)\Big\{1+\frac{3}{2}[A_y^{(b)}(\Theta)p_y+A_y^{(t)}q_y]+\frac{1}{2}[A_{zz}^{(b)}(\Theta)p_{zz}+A_{zz}^{(t)}q_{zz}]+\\
&\frac{1}{6}[A_{xx-yy}^{(b)}(\Theta)p_{xx-yy}+A_{xx-yy}^{(t)}q_{xx-yy}]+\frac{2}{3}[A_{xz}^{(b)}(\Theta)p_{xz}+A_{xz}^{(t)}q_{xz}]+\\
&\frac{9}{4}[C_{y,y}(\Theta)p_yq_y+C_{x,x}(\Theta)p_xq_x+C_{x,z}(\Theta)p_xq_z+C_{z,x}(\Theta)p_zq_x+C_{z,z}(\Theta)p_zq_z]+\\
&\frac{3}{4}[C_{y,zz}(\Theta)p_yq_{zz}+C_{zz,y}(\Theta)p_{zz}q_y]+C_{y,xz}(\Theta)p_yq_{xz}+C_{xz,y}(\Theta)p_{xz}q_y+C_{x,yz}(\Theta)p_xq_{yz}+\\
&C_{yz,x}(\Theta)p_{yz}q_x+C_{z,yz}(\Theta)p_zq_{yz}+C_{yz,z}(\Theta)p_{yz}q_z+\\
&\frac{1}{4}[C_{y,xx-yy}(\Theta)p_yq_{xx-yy}+C_{xx-yy,y}(\Theta)p_{xx-yy}q_y+C_{zz,zz}(\Theta)p_{zz}q_{zz}]+\\
&\frac{1}{3}[C_{zz,xz}(\Theta)p_{zz}q_{xz}+C_{xz,zz}(\Theta)p_{xz}q_{zz}]+\\
&\frac{1}{12}[C_{zz,xx-yy}(\Theta)p_{zz}q_{xx-yy}+C_{xx-yy,zz}(\Theta)p_{xx-yy}q_{zz}]+\\
&\frac{4}{9}[C_{xz,xz}(\Theta)p_{xz}q_{xz}+C_{yz,yz}(\Theta)p_{yz}q_{yz}]+\frac{8}{9}[C_{xy,yz}(\Theta)p_{xy}q_{yz}+C_{yz,xy}(\Theta)p_{yz}q_{xy}]+\\
&\frac{16}{9}C_{xy,xy}(\Theta)p_{xy}q_{xy}+\frac{1}{9}[C_{xz,xx-yy}(\Theta)p_{xz}q_{xx-yy}+C_{xx-yy,xz}(\Theta)p_{xx-yy}q_{xz}]+\\
&\frac{1}{36}C_{xx-yy,xx-yy}(\Theta)p_{xx-yy}q_{xx-yy}+\\
&\frac{1}{2}[C_{x,xy}(\Theta)p_xq_{xy}+C_{xy,x}(\Theta)p_{xy}q_x+C_{xy,z}(\Theta)p_{xy}q_z]\Big\}
\end{aligned}
\tag{14-3}
$$

在这些低能量下进行自旋相关测量的主要困难：

（1）低截面。

（2）可以排除使用固体极化靶，因为似乎不可能使它们足够薄。因此，只需两束相互作用的极化束就可以实现低靶密度和小产量。

（3）在这些低能量下使用（压缩）极化气体，满足了需要一种包含极薄且同时又坚固的极化保持材料窗的容器的困难。

因此，测量 D+D 反应的自旋相关性唯一合理的实验安排是使用极化氘核的强原子束流作为靶，它被另一个极化氘核的原子束流或离子束流穿过。或者，可以考虑构建一个类似 COSYJülich 多个靶穿过的低能量存储环设备，将补偿低截面。然而，这种设备的技术和财力要求似乎令人望而止步。例如，高的正向多次散射截面需要极好的真空。有了现有的（退役的）极化离子源，可以用相对适度的努力建立一个实验，从而获得可接受的计数率结果。图 14-3 勾画了这样的实验设置。此外，在解决了有关低能 DD 反应的核物理问题后，还需要研究极化聚变燃料的制备、极化聚变燃料注入磁场和极化守恒等问题。

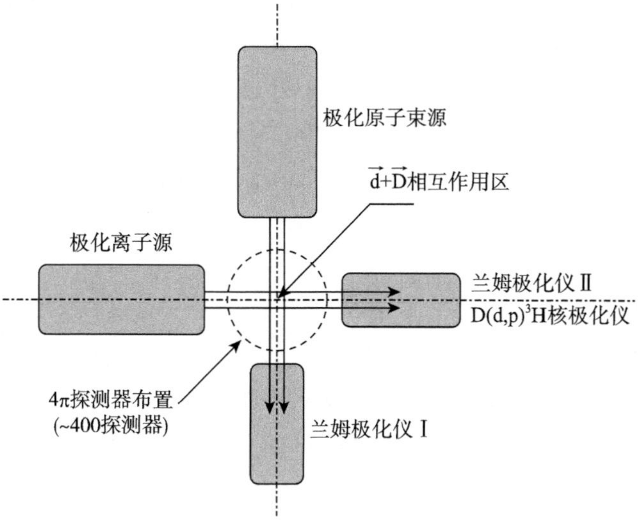

图 14-3

参考文献

[1] Kulsrud, R. M. , Furth, H. P. , Valeo, E. J. , Goldhaber, M. : Phys. Rev. Lett. 49, 1248(1982)

[2] Kulsrud, R. M. : Nucl. Instrum. Methods Phys. Res. A 271, 4(1988)

[3] Tanaka, M. (ed.): Proceedings of RCNP Workshop on Spin Polarized Nuclar Fusions (POLU SION99) RCNP, Osaka(1999).

[4] Paetz gen. Schieck, H. : Eur. Phys. J. A 44, 321(2010)

[5] Honig, A. , Sandorfifi, A. : In: Imai, K. , Murakami, T. , Saito, N. , Tanida, K. , (eds.): Proceeding of the 17th international spin physics symposium (SPIN 2006), Kyoto 2006. AIP Conf. Proc. 915, p.1010, New York(2007)

[6] Didelez, J. -P. , Deutsch, C. : EPJ Web of Conferences 3, 04018(2010)

[7] Deltuva, A. , Fonseca, A. : Phys. Rev. C 81, 054002(2010)
[8] Huke, A. , Czerski, K. , Heide, P. , Ruprecht, G. , Targosz, N. , Zebrowski, W. : Phys. Rev. C 78, 015803(2008)
[9] Leemann, Ch. , Bürgisser, H. , Huber, P. , Rohrer, U. , Paetz gen. Schieck, H. , Seiler, F. : Helv. Phys. Acta 44, 141(1971)
[10] Leemann, Ch. , Bürgisser, H. , Huber, P. ,Rohrer , U. , Paetz gen. Schieck, H. , Seiler, F. : Ann. Phys. (N. Y.) 66, 810(1971)
[11] Geist, W. H. , Brune, C. R. , Karwowski, H. J. , Ludwig, E. J. , Veal, K. D. , Hale, G. M. : Phys. Rev. C 60, 054003(1999)
[12] Braizinha, D. , Brune, C. R. , Eiró, A. M. , Fisher, B. M. , Karwowski, H. J. , Leonard, D. S. , Ludwig, E. D. , Santos, F. D. , Thompson, I. J. : Phys. Rev. C 69, 024608(2004) References 173
[13] Hofmann H. M. , Proceedings of Models and Methods in Few-Body Physics, Lisboa, 1986. In: Ferreira, L. S. , Fonseca, A. C. , Streit, L. (eds.) Lecture Notes in Physics 273, p.243, Springer, Berlin(1987)
[14] Lemaitre, S. : Diploma thesis, Universität zu Köln, unpublished(1989)
[15] Lemaître, S. , Paetz gen. Schieck, H. : Few-Body Systems. 9, 155(1990)
[16] Lemaître, S. , Paetz gen. Schieck, H. : Ann. Phys. (Leipzig) 2, 503(1993)
[17] Geiger, O. , Diploma thesis, Universität zu Köln, unpublished(1993)
[18] Geiger, O. , Lemaître, S. , Paetz gen. Schieck, H. : Nucl. Phys. A586, 140 (1995)
[19] Deltuva, A. , Fonseca, A. : Phys. Rev. C 76, 021001(R) (2007)
[20] Hale, G. , Doolen, G. : LA-9971-MS. Los Alamos, (1984)
[21] Fletcher, K. A. , Ayer, Z. , Black, T. C. , Das, R. K. , Karwowski, H. J. , Ludwig, E. J. , Hale, G. M. : Phys. Rev. C 49, 2305(1994)
[22] Zhang, J. S. , Liu, K. F. , Shuy, G. W. : Phys Rev. Lett. 55, 1649(1985)
[23] Zhang, J. S. , Liu, K. F. , Shuy, G. W. : Phys. Rev. Lett. 57, 1410(1986)
[24] Fick, D. , Hofmann, H. M. : Phys. Rev. Lett. 55, 1650(1983)
[25] Hofmann, H. M. , Fick, D. : Phys. Rev. Lett. 52, 2038(1984)
[26] Hofmann, H. M. , Fick, D. : Phys. Rev. Lett. 57, 1410(1986)
[27] Uzu, E. , Oryu, S. , Tanifuji, M. : In: [3] p. 30(1999)
[28] Uzu, E. : arxiv:nucl-th/0210026(2002)
[29] Zhang, J. S. , Liu, K. F. , Shuy, G. W. : Phys. Rev. C 60, 054614(1999)

第十五章

展望

随着越来越复杂精细的试验设备和方法的发展，核物理 50 多年来对自旋极化观测量的测量，尤其对于反应机制的研究提供了重要的信息，而这些信息往往无法通过其他方法获得。尽管可以看到极化束流强度的增加出现了一定的饱和，但更加复杂精细的实验对更高流强或靶密度的需求将一直持续下去，例如考虑天体物理能量范围内自旋相关性的测量。

一些只能使用极化粒子对称性破缺的测量是为了降低这些破缺的上限。例如对于时间反演对称性破缺的直接定量测量。一个这样的项目是不仅在中性粒子（如中子）上，而且在带电粒子如质子或氘核上测量电偶极矩。这些实验需要高强度的极化束流和非常灵敏和精确的极化测量技术。这些试验（如果在特殊的存储环加速器中进行）要求测量灵敏度提高两个数量级，参见文献［1］。其基本思路是高度自旋极化的粒子在同步辐射的偏转磁铁的磁场中进动，即使在经过很多轨道之后仍然能够精确知道。但进动会受到电场 $\boldsymbol{E}=\gamma\boldsymbol{v}\times\boldsymbol{B}$ 的影响，如果电偶极矩 $\mu_e\neq0$ 将导致进动偏离同步加速器平面。μ_e 被奇偶守恒和时间反演不变性所禁止，但由于 CP 不变性且在 CPT 框架下，即使在标准模型和其他理论中，μ_e 也可以而且应该被打破，如参考文献［2］。发现这样的偶极矩 $\neq0$ 将对宇宙的基本理论产生严重的影响。$\boldsymbol{E}$ 是一种极化变化的效应，可以用很高的灵敏度进行测量，而且这种测量应当优于目前对中子 μ_e 的测定。在参考文献［3］中，EDM 合作项目的预期灵敏度为 10^{-27}e · cm。与此同时，已经提出了进一步提高两个数量级的方案建议。

正如参考文献［4］中指出的，通常时间反演不变性建立了一个方向上的核反应的观测量与逆反应的观测量之间的关系，例如，截面（“细致平衡”）或带有分析本领的出射极化，使相对正常化成为这些实验的困难之一。因此“零实验”，即只测量一个量是更好的选择。一个这样的 T-奇 P-偶量已经被确定，在 $\theta=0°$条件下，矢量极化自旋 1/2 束流与自旋 1 张量极化（p_{xz}）靶（反之亦然）的弹性散射的自旋相关系数 $C_{x,yz}$，即需要一个总截面相关测量。因此，在透射实验中必须使用极化质子束流和张量极化氘核气体（或射流/存储单元）靶。所需的灵敏度和其他实验条件只能在存储环加速器如 COSY 中满足。“TRI（C）”实验正在计划中，参见文献［5］。一个开始进行的全新研究前沿是极化反质子的可能性，例如在 GSI/达姆施塔特正在建设中的 FAIR 设施。现有的核子—核子相互作用的结果将与核子的反核子数据进行比较，这些数据可以揭示核子—核子和夸克胶子力，并补充湮灭项。对标准模型和 CPT 理论的新的检验可能会出现。极化反质子的方法将是不同的，因为斯特恩-盖拉赫（Stern-Gerlach）设备首先需要一束冷反原子，但通过与极化束流或靶相互作用的自旋过滤似乎是可行的（但需要高极化的最大束流强度）。该方法已被证实适用于质子，不久将在欧洲核子研究中心的反质子减速器上实施。调查参见文献［6］。然而，有趣的是，最近在尖阱中形成和捕获冷反氢原子束流是成功的[7,8]，有可能提取高自旋极化反质子束流。主要目的是测量 1~2S 的能量分离，并通过激光和微波光谱研究超精细相互作用，精度与 H 或 D 原子相似。使用自旋过滤器（兰姆移位（Lambshift）源或兰姆移位（Lambshift）极化仪的中心部件）对氢/氘进行光谱测量的方法最近已被提出，似乎适用于反原子[9,10]。

参考文献

［1］Lebedev, O. , Olive, K. A. , Pospelov, M. , Ritz, A. : Phys. Rev. D 70, 016003(2004)

［2］Sakharov, A. D. : JETP Lett. 5, 24(1967)

［3］Aoki M. , et al. : dEDM collaboration, AGS Proposal BNL(2008). http://www3.bnl. gov/muon _ edm/Deuteron _ EDM/EDM _ BNL _ PRO/deuteron _ proposal _ 080405_1. pdf

［4］Conzett, H. E. : Phys. Rev. C 48, 423(1993)

［5］Bisplinghoff, J. , Ernst, J. , Eversheim, P. D. , Hinterberger, F. , Jahn, R. , Conzett, H. E. , Beyer, M. , Paetz gen. Schieck, H. , Kretschmer, W. : arxiv: nucl-ex/9810003(1998)

［6］Lenisa, P. , Rathmann, F. : CERN Courier 50(6), 21(2010)

[7] Mohri, A. , Yamazaki, Y. : Europhys. Lett. 63, 207(2003)
[8] Enomoto, Y. et al: (ASACUSA collaboration): Phys. Rev. Lett. 105, 243401 (2010)
[9] Engels, R. , Grigoriev, K. , Mikirtytchyants, M. , Paetz gen. Schieck, H. , Rathmann, F. , Schug, G. , Ströher, H. , Vasilyev, A. , Westig, M. : Hyperfine Interact. 193, 341(2009)
[10] Westig, M. , Engels, R. , Grigoriev, K. , Mikirtytchyants, M. , Rathmann, F. , Paetz gen. Schieck, H. , Schug, G. , Vasilyev, A. , Ströher, H. : Eur. Phys. J. D 57, 27(2010)